Sandra Jacob / Susanne von Lehmden

Grundwissen Mathematik 5/6

Tests mit Lösungen

Auer Verlag GmbH

Gedruckt auf umweltbewusst gefertigtem, chlorfrei gebleichtem
und alterungsbeständigem Papier.

1. Auflage 2008
Nach den seit 2006 amtlich gültigen Regelungen der Rechtschreibung
© by Auer Verlag GmbH, Donauwörth
Alle Rechte vorbehalten
Das Werk und seine Teile sind urheberrechtlich geschützt. Jede Nutzung in anderen als den gesetzlich zugelassenen Fällen
bedarf der vorherigen schriftlichen Einwilligung des Verlages. Hinweis zu § 52 a UrhG: Weder das Werk noch seine Teile
dürfen ohne eine solche Einwilligung eingescannt und in ein Netzwerk eingestellt werden.
Dies gilt auch für Intranets von Schulen und sonstigen Bildungseinrichtungen.
Satz: Fotosatz H. Buck, Kumhausen
Druck und Bindung: Franz X. Stückle Druck und Verlag, Ettenheim
ISBN 978-3-403-0**4927**-2

www.auer-verlag.de

Vorwort

Vorweg einige Gedanken zu den Bänden **Grundwissen Mathematik**. Unsere eigenen langjährigen Erfahrungen in der Schule und die deutlich ausgesprochenen Erwartungen der berufsausbildenden Wirtschaft zeigen die Notwendigkeit der nachhaltigen Übung des Grundwissens und der Grundfertigkeiten überdeutlich auf.

Nur wenn in der Schule diese Fertigkeiten ein immer gegenwärtiges Thema sind und sie auch in regelmäßigen bewerteten Tests geprüft werden, können wir den jetzt beklagten Schwächen der Schülerinnen und Schüler entgegenwirken. Dabei ist es vor allem wichtig, sehr frühzeitig mit dem „Automatisieren" dieser Fertigkeiten zu beginnen, nämlich bereits in Klasse 5.

Gleichzeitig ergibt sich für die Schülerinnen und Schüler der unschätzbare Vorteil, im normalen Unterrichtsstoff durch eigene Rechensicherheit mehr Mitarbeitmöglichkeiten und bessere Leistungen und damit bessere Bewertungen erzielen zu können.

Die Tests der Bände **Grundwissen Mathematik** sind so konzipiert, dass sie in der Abfolge die im Unterricht behandelten Themen berücksichtigen und es so zu keiner Zeit zu Überforderungen kommt. Natürlich sollte im Unterricht hin und wieder eine Stunde zur Übung und Wiederauffrischung des Grundwissens und der Grundfertigkeiten eingeplant werden.

Die Tests sind auf eine Bearbeitungszeit von etwa einer Unterrichtsstunde (45 Minuten) angelegt.

Sandra Jacob und Susanne von Lehmden

Hinweise zur Benutzung

 **Wann setze ich die Tests ein?**

Grundsätzlich gilt zunächst, dass bei den Übungen und Tests zum Grundwissen und den Grundfertigkeiten *keinerlei Hilfsmittel* benutzt werden. Es gibt keine Formelsammlung und keinen Taschenrechner, sondern es gibt nur den Stift zum Schreiben und die eigene Fähigkeit.

Bevor der erste Test eingesetzt wird, sollten einige Unterrichtsstunden Grundrechenarten und Grundfertigkeiten wiederholt worden sein. Später reicht es aus, hin und wieder eine Übungsstunde einzulegen. Dann werden die Tests zur Überprüfung des Grundwissens und der Grundfertigkeiten ohne Vorbereitung vorgelegt, bearbeitet und die Ergebnisse ausgewertet.

 **Wie führe ich die Tests durch?**

Jedes Heft enthält für jeden genannten Jahrgang je 10 verschiedene Tests. Die Tests sind durchnummeriert (1 bis 10 und 11 bis 20) und sollten fortschreitend eingesetzt werden, da die Themenstellungen der entsprechenden Jahrgänge passend eingearbeitet sind.

Jeder Test ist *zweifach* abgedruckt. Die erste Version ist als Vorlage für eine OHP-Folie, die zweite Version als Kopiervorlage gedacht. Auf den Blättern der Kopiervorlagen sollen die Schülerinnen und Schüler direkt arbeiten. Der eingeräumte Platz sollte bei normaler Schriftgröße zur Rechnung ausreichen. Zusätzlich ist so eine bessere Übersicht gewahrt und die Tests lassen sich deutlich leichter korrigieren.

 **Lösungen**

Im Anhang eines jeden Heftes sind die Lösungen der Aufgaben abgedruckt.

Die Bewertungen der Tests und die Gewichtung der Punktwerte bei den einzelnen Aufgaben soll jede Lehrkraft selbst vornehmen, da die Leistungsfähigkeit der getesteten Lerngruppe und die eventuell vorangegangene Übungszeit berücksichtigt sein sollten.

Test 1 — Klasse 5

1. 458 + 216

2. 637 − 183

3. 718 · 7

4. 162 : 6

5. Zähle zu 235 die Zahl 586 hinzu!

6. Herr Kuhne kauft für 20,96 € Lebensmittel. Er bezahlt mit zwei 20-€-Scheinen. Wie viel Geld bekommt er an der Kasse zurück?

7. Ralf fährt bei einem Radrennen 9 Runden. Eine Runde ist 1 855 m lang. Welche Strecke ist er insgesamt gefahren?

8. Welche Zahl musst du für x einsetzen, damit die Rechnung stimmt?

    $1784 + x = 2741$

9. Gib die vorgehende und die nachfolgende Zahl an!

    11 619

10. Berechne!

    a) 12 052
        + 4 785

    b) 4 634
        − 2 136

    c) 17 · 100

    d) 82 000 : 1 000

11. Der Tagesausflug der Klasse 5b kostet insgesamt 286 €. In der Klasse sind 26 Kinder. Wie viel Euro muss jedes Kind für den Ausflug bezahlen?

Test 1 — Klasse 5

12. Lies aus dem Diagramm ab, wie viele Schüler in der Klassenarbeit jeweils die Note 1, 2, 3, 4, 5 oder 6 erreicht haben.

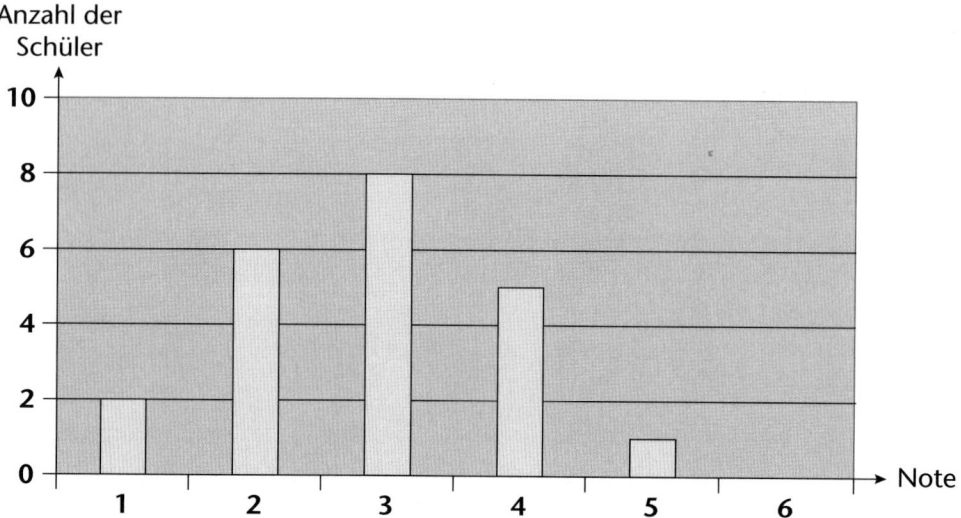

a) Trage in die Tabelle ein!

Note	1	2	3	4	5	6
Schülerzahl						

b) Wie viele Schüler haben eine schlechtere Note als „3"?

c) Wie viele Schüler haben eine bessere Note als „3"?

d) Wie viele Schüler haben die Klassenarbeit mitgeschrieben?

13. $34\,567 + 7\,654 - 788 - 374$

Test 1   Name: _____   **Klasse 5**

1. 458 + 216

2. 637 − 183

3. 718 · 7   4. 162 : 6

5. Zähle zu 235 die Zahl 586 hinzu!

6. Herr Kuhne kauft für 20,96 € Lebensmittel. Er bezahlt mit zwei 20-€-Scheinen. Wie viel Geld bekommt er an der Kasse zurück?

7. Ralf fährt bei einem Radrennen 9 Runden. Eine Runde ist 1 855 m lang. Welche Strecke ist er insgesamt gefahren?

Test 1   Name: _____   Klasse 5

8. Welche Zahl musst du für x einsetzen, damit die Rechnung stimmt?

    $1784 + x = 2741$

9. Gib die vorgehende und die nachfolgende Zahl an!

    $11\,619$

10. Berechne!

    a) $12\,052$
        $+\ 4\,785$

    b) $4\,634$
        $-\ 2\,136$

    c) $17 \cdot 100$

    d) $82\,000 : 1\,000$

11. Der Tagesausflug der Klasse 5b kostet insgesamt 286 €. In der Klasse sind 26 Kinder. Wie viel Euro muss jedes Kind für den Ausflug bezahlen?

12. Lies aus dem Diagramm ab, wie viele Schüler in der Klassenarbeit jeweils die Note 1, 2, 3, 4, 5 oder 6 erreicht haben.

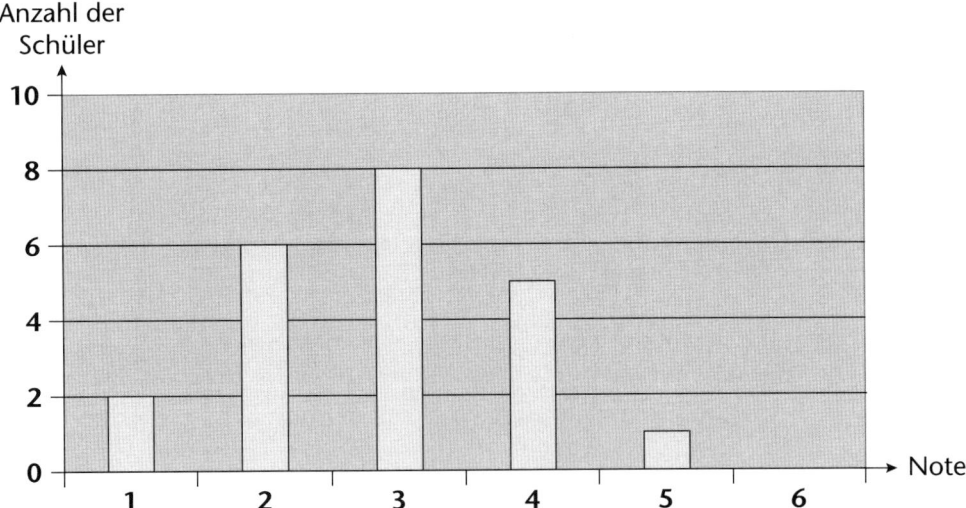

a) Trage in die Tabelle ein!

Note	1	2	3	4	5	6
Schülerzahl						

b) Wie viele Schüler haben eine schlechtere Note als „3"?

c) Wie viele Schüler haben eine bessere Note als „3"?

d) Wie viele Schüler haben die Klassenarbeit mitgeschrieben?

13. 34 567 + 7 654 − 788 − 374

Test 2 — Klasse 5

1. Berechne!

   a) 22 222 − 8 888 b) 3 800 : 10

   c) 671 + 419 + 1 215 d) 4 204 · 30

2. Runde!

   a) auf Zehner: 352 ≈

   b) auf ganze Euro: 11,44 € ≈

   c) auf Tausender: 38 500 ≈

3. Berechne die Zahl für die Variable x!

   x − 12 052 = 4 785

4. Welche Zahl gehört zu den Buchstaben?

5. Wie groß ist die um 100 größere Zahl?

   4 980

6. Durch welche Zahl muss man 888 teilen, um 12 zu erhalten?

7. Frau Baum geht mit 64,20 € zum Einkaufen. Sie kommt mit 18,94 € nach Hause. Wie viel Euro hat sie ausgegeben?

Test 2

Klasse 5

8. Ein Lkw transportiert Kisten. Die Kisten wiegen 28 kg, 362 kg, 750 kg und 625 kg.
   Der Lkw darf mit höchstens 1 800 kg beladen werden.
   Wurde das Ladegewicht überschritten? Begründe mit einer Rechnung!

9. Berechne!

   a) 796
       − 215
       − 84
       − 12

   b) $573 \cdot 419$

10. Herr Beyer fährt am ersten Tag 386 km, am zweiten Tag 631 km und am dritten Tag 348 km.
    Wie viele Kilometer (km) ist er im Durchschnitt jeden Tag gefahren?

Test 2 Name: _____ **Klasse 5**

1. Berechne!

   a) 22 222 − 8 888

   b) 3 800 : 10

   c) 671 + 419 + 1 215

   d) 4 204 · 30

2. Runde!

   a) auf Zehner: 352 ≈

   b) auf ganze Euro: 11,44 € ≈

   c) auf Tausender: 38 500 ≈

3. Berechne die Zahl für die Variable x!

   x − 12 052 = 4 785

Test 2   Name: _____   **Klasse 5**

4. Welche Zahl gehört zu den Buchstaben?

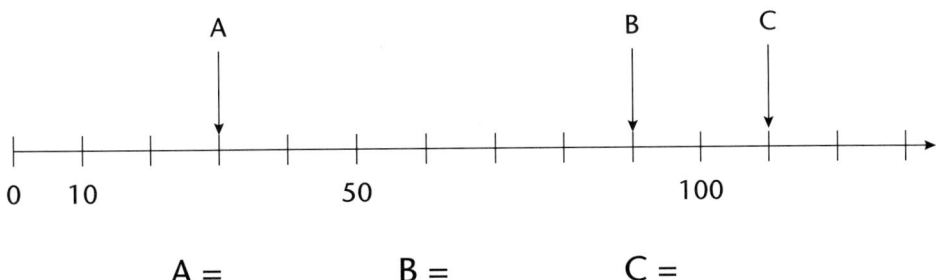

A =   B =   C =

5. Wie groß ist die um 100 größere Zahl?

    4 980

6. Durch welche Zahl muss man 888 teilen, um 12 zu erhalten?

7. Frau Baum geht mit 64,20 € zum Einkaufen. Sie kommt mit 18,94 € nach Hause. Wie viel Euro hat sie ausgegeben?

Test 2 Name: _____ **Klasse 5**

8. Ein Lkw transportiert Kisten. Die Kisten wiegen 28 kg, 362 kg, 750 kg und 625 kg.
   Der Lkw darf mit höchstens 1 800 kg beladen werden.
   Wurde das Ladegewicht überschritten? Begründe mit einer Rechnung!

9. a) 796
      − 215
      − 84
      − 12

   b) 573 · 419

10. Herr Beyer fährt am ersten Tag 386 km, am zweiten Tag 631 km und am dritten Tag 348 km.
    Wie viele Kilometer (km) ist er im Durchschnitt jeden Tag gefahren?

Test 3 — Klasse 5

1. Ziehe von der Zahl 12 000 die Zahlen 609 und 344 ab!

2. Berechne!

    a) 3 580 000 : 1 000   b) 4 120 · 100

3. Sebastian unternimmt eine 84 km lange Radtour.
   Er fährt 14 km in einer Stunde.
   Wie lange ist er unterwegs?

4. Runde!
    a) auf Zehner: 1 899 ≈

    b) auf Hunderter: 11 155 ≈

5. Gib die vorgehende und die nachfolgende Zahl an!

    1 300 099

6. Berechne!

    a) 27 891   b) 6 800
      + 1 012   − 421
      + 16 299   −   98
      +   17

    c) 33 111 · 455   d) 2 222 : 11

7. Frau Bettels kauft ein neues Auto für 16 790 €. Für ihr altes Auto bekommt sie noch 3 950 €. Sie hat 12 880 € gespart.
   Wie viel Geld hat Frau Bettels noch übrig?

8. Tom kauft auf dem Wochenmarkt 2,500 kg Kartoffeln, 1,350 kg Fleisch und 850 g Käse. Wie schwer sind die Lebensmittel insgesamt?

9. Berechne x!

    a) 30 · x = 270   b) 39 : x = 1

10. Überprüfe, ob das Ergebnis richtig ist!

    5 · 2,25 € = 11,50 €

Test 3 Name: _____ **Klasse 5**

1. Ziehe von der Zahl 12 000 die Zahlen 609 und 344 ab!

2. Berechne!

   a) 3 580 000 : 1 000

   b) 4 120 · 100

3. Sebastian unternimmt eine 84 km lange Radtour.
   Er fährt 14 km in einer Stunde.
   Wie lange ist er unterwegs?

4. Runde!

   a) auf Zehner: 1 899 ≈

   b) auf Hunderter: 11 155 ≈

5. Gib die vorgehende und die nachfolgende Zahl an!

   1 300 099

Test 3 Name: _____ **Klasse 5**

6. Berechne!

   a) 27 891
       + 1 012
       + 16 299
       +   17

   b) 6 800
       − 421
       −   98

   c) 33 111 · 455

   d) 2 222 : 11

7. Frau Bettels kauft ein neues Auto für 16 790 €. Für ihr altes Auto bekommt sie noch 3 950 €. Sie hat 12 880 € gespart.
   Wie viel Geld hat Frau Bettels noch übrig?

8. Tom kauft auf dem Wochenmarkt 2 500 kg Kartoffeln, 1,350 kg Fleisch und 850 g Käse. Wie schwer sind die Lebensmittel insgesamt?

9. Berechne x!

   a) 30 · x = 270

   b) 39 : x = 1

10. Überprüfe, ob das Ergebnis richtig ist!

    5 · 2,25 € = 11,50 €

Test 4 — Klasse 5

1. Trage in den Zahlenstrahl ein!

   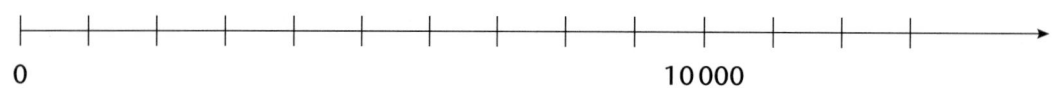

   A = 2 000   B = 12 000   C = 5 500   D = 13 500

2. Berechne x!

   a) $14\,661 - x = 5\,832$ b) $x : 37 = 3$

3. Sabrina kauft ein T-Shirt für 9,99 € und ein Paar Turnschuhe für 34,99 €.
   Sie bezahlt mit einem 50-€-Schein.
   Reicht ihr Geld? Begründe deine Antwort!

4. Berechne!

   a) 7 655
       − 312
       − 796
       −   15

   b) $2\,138 \cdot 147$

   c) $42 \cdot 10\,000$

   d) $4\,599 : 7$ e) $432 : 12$

5. Eine Getränkekiste mit 12 vollen Flaschen wiegt 8 955 g. Eine volle Flasche wiegt 700 g.
   Wie schwer ist die Kiste ohne die 12 Flaschen?

6. Kleiner, größer oder gleich? Setze <, > oder =!

   3 691   ☐   3 619

   461 − 70   ☐   390

   5 · 12   ☐   4 · 15

7. Runde!

   a) auf ganze Meter: 4,49 m ≈

   b) auf Millionen: 89 666 000 ≈

Test 4

Klasse 5

8. Das Diagramm zeigt, in welchem Land die Kinder der Klasse 5c geboren sind.

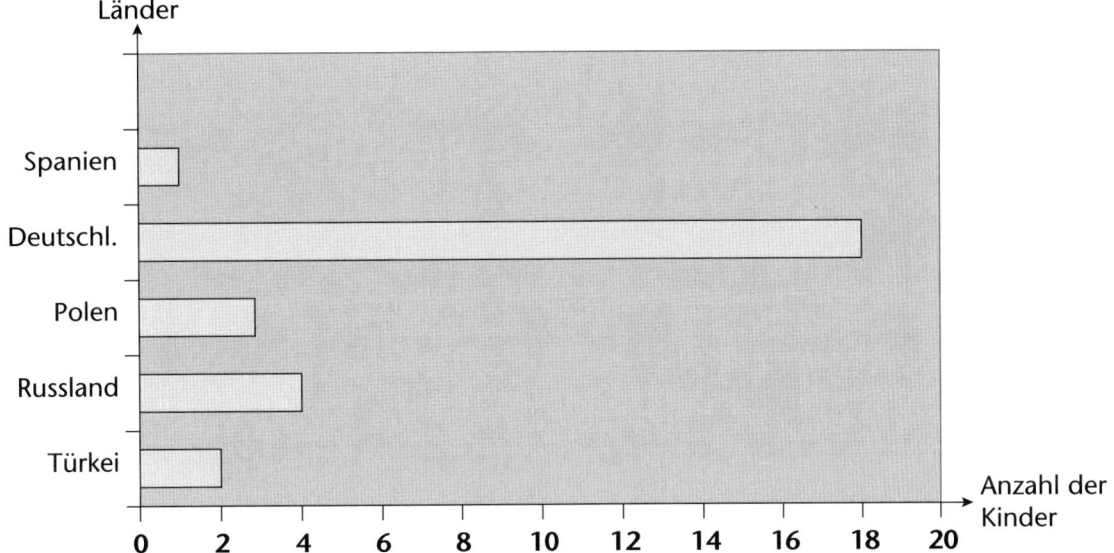

a) Wie viele Kinder sind in Polen geboren?

b) Wie viele Kinder sind insgesamt in der Klasse?

c) Wie viele Kinder sind nicht in Deutschland geboren?

9. Berechne!

a) 7 996 121 + 669 817 + 14 966

b) 17,84 m − 5,07 m − 3,99 m

Test 4 Name: _____ Klasse 5

1. Trage in den Zahlenstrahl ein!

   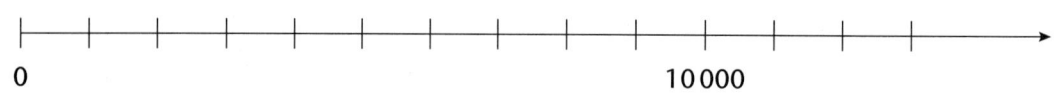

   A = 2 000   B = 12 000   C = 5 500   D = 13 500

2. Berechne x!

   a) $14\,661 - x = 5\,832$

   b) $x : 37 = 3$

3. Sabrina kauft ein T-Shirt für 9,99 € und ein Paar Turnschuhe für 34,99 €.
   Sie bezahlt mit einem 50-€-Schein.
   Reicht ihr Geld? Begründe deine Antwort!

4. Berechne!

   a) 7 655
       − 312
       − 796
       −   15

   b) $2\,138 \cdot 147$

Test 4   Name: _____   Klasse 5

c) 42 · 10 000

d) 4 599 : 7

e) 432 : 12

5. Eine Getränkekiste mit 12 vollen Flaschen wiegt 8 955 g. Eine volle Flasche wiegt 700 g.
   Wie schwer ist die Kiste ohne die 12 Flaschen?

6. Kleiner, größer oder gleich? Setze <, > oder =!

   3 691   ☐   3 619

   461 – 70   ☐   390

   5 · 12   ☐   4 · 15

7. Runde!

   a) auf ganze Meter: 4,49 m ≈

   b) auf Millionen: 89 666 000 ≈

Test 4 Name: _____ **Klasse 5**

8. Das Diagramm zeigt, in welchem Land die Kinder der Klasse 5c geboren sind.

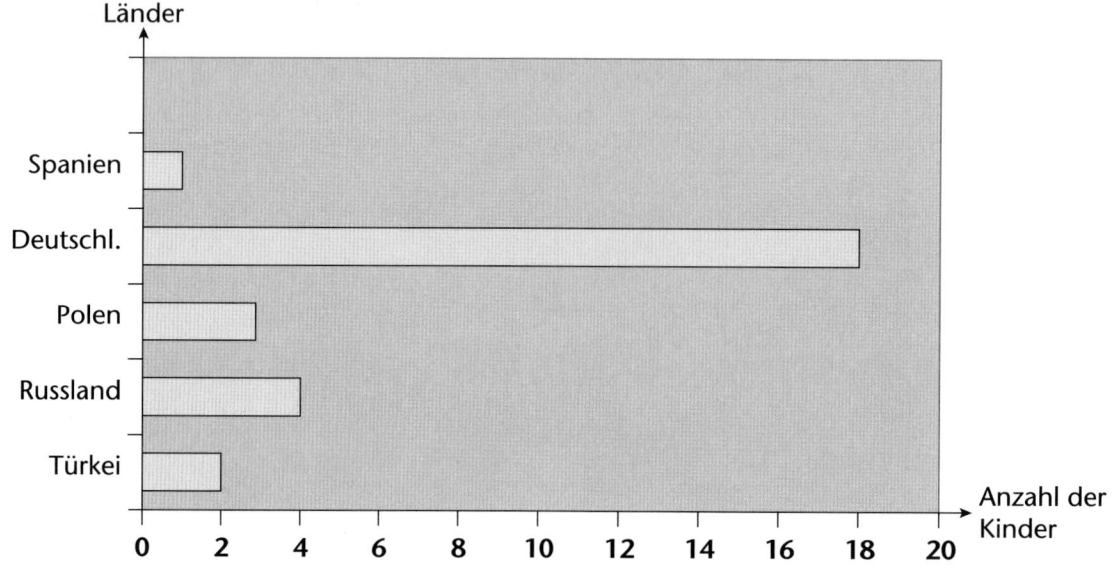

a) Wie viele Kinder sind in Polen geboren?

b) Wie viele Kinder sind insgesamt in der Klasse?

c) Wie viele Kinder sind nicht in Deutschland geboren?

9. Berechne!

a) 7 996 121 + 669 817 + 14 966

b) 17,84 m − 5,07 m − 3,99 m

Test 5

Klasse 5

1. Wandle in die angegebene Maßeinheit um!

   a) 2,75 m (cm)   b) 6,5 t (kg)

   c) 17 000 m (km)   d) 81 g (mg)

2. Berechne!

   a) 1 264 963 − 2 344 − 35 999

   b) 4,75 € + 3 € + 9,95 €

   c) 5 631 · 798   d) 56 472 : 104

3. Ein Brett ist 408 cm lang. Es soll in 12 gleich lange Bretter zersägt werden. Wie lang ist jedes dieser Bretter?

4. Runde!
   a) auf ganze Kilogramm: 19,655 kg ≈

   b) auf Hunderter: 55 050 ≈

5. Berechne x!

   29 · x = 551

6. Michael kauft 3 Kiwis für je 0,39 € und 8 Äpfel für je 0,28 €. Wie viel muss er insgesamt zahlen?

7. Bilde die Summe der Zahlen 26 396, 12 409 und 666!

8. Wandle in die angegebene Maßeinheit um!

   a) 4 h 12 min (min)   b) 7 d (h)

9. Berechne!

   a) 888 : 24   b) 573 · 419

   c) 991 · 10 000   d) 117,4 kg − 98,555 kg

Test 5 Name: _____   **Klasse 5**

1. Wandle in die angegebene Maßeinheit um!

    a) 2,75 m (cm)

    b) 6,5 t (kg)

    c) 17 000 m (km)

    d) 81 g (mg)

2. Berechne!

    a) 1 264 963 – 2 344 – 35 999

    b) 4,75 € + 3 € + 9,95 €

    c) 5 631 · 798

    d) 56 472 : 104

3. Ein Brett ist 408 cm lang. Es soll in 12 gleich lange Bretter zersägt werden. Wie lang ist jedes dieser Bretter?

4. Runde!
    a) auf ganze Kilogramm: 19,655 kg ≈

    b) auf Hunderter: 55 050 ≈

Test 5

Name: _____ **Klasse 5**

5. Berechne x!

    29 · x = 551

6. Michael kauft 3 Kiwis für je 0,39 € und 8 Äpfel für je 0,28 €.
   Wie viel muss er insgesamt zahlen?

7. Bilde die Summe der Zahlen 26 396, 12 409 und 666!

8. Wandle in die angegebene Maßeinheit um!

    a) 4 h 12 min (min)   b) 7 d (h)

9. Berechne!

    a) 888 : 24   b) 573 · 419

    c) 991 · 10 000   d) 117,4 kg − 98,555 kg

Test 6 — Klasse 5

1. Kleiner, größer oder gleich? Setze <, > oder =!

    12 · 12 ☐ 134

    5 ☐ 90 : 15

    33 989 ☐ 33 899

2. Wandle in die angegebene Maßeinheit um!

    a) 13 kg 625 g (g)
    b) 3,4 cm (mm)
    c) 5 550 m (km)
    d) 900 g (kg)
    e) 6 h 44 min (min)
    f) 1,5 km (m)

3. Gib die vorgehende und die nachfolgende Zahl an!

    99 049 000

4. Berechne!

    a) 3,5 t + 700 kg
    b) 27 km – 1,755 km
    c) 3 005 000 : 100
    d) 17 · 3 Mio

5. Frau Kunert ist von Montag bis Freitag mit ihrem Auto unterwegs. Vor ihrer Abfahrt zeigt der Kilometerzähler 34 438 km. Am Montag fährt sie 437 km, am Dienstag 166 km, am Mittwoch 76 km, am Donnerstag 29 km und am Freitag 398 km.
    Was zeigt der Kilometerzähler am Ende der Fahrt an?

6. Berechne die Differenz der Zahlen 9 701, 674 und 59!

Test 6

Klasse 5

7. Runde!

   a) auf Millionen: 19 499 999 ≈

   b) auf Zehner: 1 345 ≈

   c) auf ganze Kilometer: 7 km 501 m ≈

8. Claudia kauft 5 kg Kartoffeln für 2,25 €. Wie viel kostet ein Kilogramm (kg) Kartoffeln?

9. Berechne!

   a) 106 650 : 450   b) 1 376 · 946

   c) x − 3 512 = 7 235 d) x : 20 = 12

10. Die Klasse 5e hat zum Verkauf 6 kg Kekse gebacken. Die Kekse werden in Tüten zu je 75 g verpackt. Eine Tüte soll 0,65 € kosten.

    a) Wie viele Tüten müssen die Schüler packen?

    b) Wie viel Euro nimmt die Klasse ein, wenn alle Kekse verkauft werden?

Test 6   Name: ___   Klasse 5

1. Kleiner, größer oder gleich? Setze <, > oder =!

    12 · 12 ☐ 134

    5 ☐ 90 : 15

    33 989 ☐ 33 899

2. Wandle in die angegebene Maßeinheit um!

    a) 13 kg 625 g (g)   b) 3,4 cm (mm)

    c) 5 550 m (km)   d) 900 g (kg)

    e) 6 h 44 min (min)   f) 1,5 km (m)

3. Gib die vorgehende und die nachfolgende Zahl an!

    99 049 000

4. Berechne!

    a) 3,5 t + 700 kg   b) 27 km − 1,755 km

    c) 3 005 000 : 100   d) 17 · 3 Mio

Test 6

Klasse 5

5. Frau Kunert ist von Montag bis Freitag mit ihrem Auto unterwegs. Vor ihrer Abfahrt zeigt der Kilometerzähler 34 438 km. Am Montag fährt sie 437 km, am Dienstag 166 km, am Mittwoch 76 km, am Donnerstag 29 km und am Freitag 398 km.
Was zeigt der Kilometerzähler am Ende der Fahrt an?

6. Berechne die Differenz der Zahlen 9 701, 674 und 59!

7. Runde!

   a) auf Millionen: 19 499 999 ≈

   b) auf Zehner: 1 345 ≈

   c) auf ganze Kilometer: 7 km 501 m ≈

8. Claudia kauft 5 kg Kartoffeln für 2,25 €. Wie viel kostet ein Kilogramm (kg) Kartoffeln?

Test 6   Name: Klasse 5

9. Berechne!

   a) 106 650 : 450

   b) 1 376 · 946

   c) x − 3 512 = 7 235

   d) x : 20 = 12

10. Die Klasse 5e hat zum Verkauf 6 kg Kekse gebacken. Die Kekse werden in Tüten zu je 75 g verpackt. Eine Tüte soll 0,65 € kosten.

    a) Wie viele Tüten müssen die Schüler packen?

    b) Wie viel Euro nimmt die Klasse ein, wenn alle Kekse verkauft werden?

Test 7 Klasse 5

1. Runde!

   a) auf Tausender: 1 099 ≈

   b) auf ganze Meter: 89 m 65 cm ≈

   c) auf ganze Euro: 6,45 € ≈

2. Berechne den Durchschnitt der vier Sprünge!

   1. Sprung: 2,5 m   2. Sprung: 3 m   3. Sprung: 3,2 m   4. Sprung: 3,3 m

3. Wandle in die angegebene Maßeinheit um!

   a) 2 d 6 h (h)   b) 682 min (h und min)

   c) 2,5 kg (g)   d) 17 cm (m)

4. Durch welche der Zahlen 2, 3, 5, 9, 10 ist die Zahl teilbar?

   a) 13 432   b) 6 930

5. Berechne!

   a) 28 076 + 100 176 + 48 + 1 054

   b) 6 028 · 7 653

   c) 3 675 : 35

   d) 4 · 25 · 37

6. Vier Schüler der Klasse 5a nehmen an einem Schwimmwettkampf teil. Berechne die Gesamtzeit (min und s) der 4 × 100-m-Staffel!

   1 min 57 s   1 min 41 s   2 min 2 s   1 min 33 s

Test 7 — Klasse 5

7. Die Klasse 5b hat ihren Klassensprecher gewählt. Jeder Schüler durfte eine Stimme abgeben.

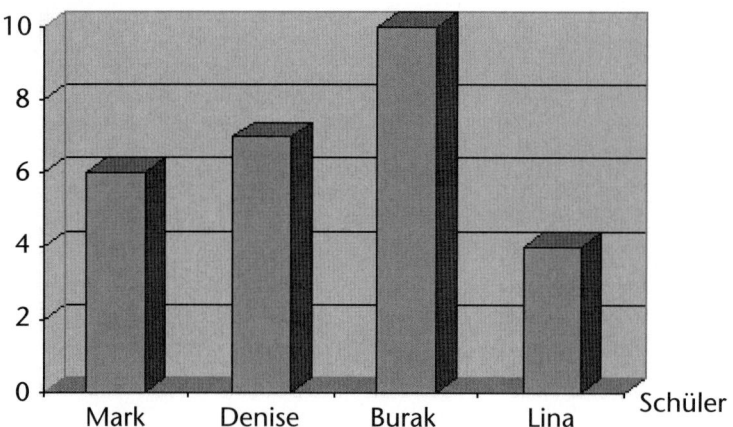

   a) Wer hat die Wahl gewonnen?

   b) Wie viele Stimmen wurden insgesamt abgegeben?

   c) Wie viele Stimmen hat der Klassensprecher weniger als die drei anderen Kandidaten zusammen?

8. Der ICE startet um 10.39 Uhr in Berlin. Er ist 3 h 18 min unterwegs. Wann kommt er in Osnabrück an?

9. Martin möchte 7 CDs zu je 6,90 € kaufen. Er hat in seiner Geldbörse einen 50-€-Schein.
   Reicht sein Geld? Begründe deine Antwort!

10. Berechne!

    a) 5 950 g : 850

    b) 3,28 m − 1,5 m − 55 cm

    c) 4 785 + x = 12 052

    d) 1 012 · 10 000

Test 7 Name: _____ Klasse 5

1. Runde!

   a) auf Tausender: 1 099   ≈

   b) auf ganze Meter: 89 m 65 cm   ≈

   c) auf ganze Euro: 6,45 €   ≈

2. Berechne den Durchschnitt der vier Sprünge!

   1. Sprung: 2,5 m   2. Sprung: 3 m   3. Sprung: 3,2 m   4. Sprung: 3,3 m

3. Wandle in die angegebene Maßeinheit um!

   a) 2 d 6 h (h)   b) 682 min (h und min)

   c) 2,5 kg (g)   d) 17 cm (m)

4. Durch welche der Zahlen 2, 3, 5, 9, 10 ist die Zahl teilbar?

   a) 13 432   b) 6 930

5. Berechne!

   a) 28 076 + 100 176 + 48 + 1 054   b) 6 028 · 7 653

c) 3 675 : 35

d) 4 · 25 · 37

6. Vier Schüler der Klasse 5a nehmen an einem Schwimmwettkampf teil. Berechne die Gesamtzeit (min und s) der 4 × 100-m-Staffel!

1 min 57 s   1 min 41 s   2 min 2 s   1 min 33 s

7. Die Klasse 5b hat ihren Klassensprecher gewählt. Jeder Schüler durfte eine Stimme abgeben.

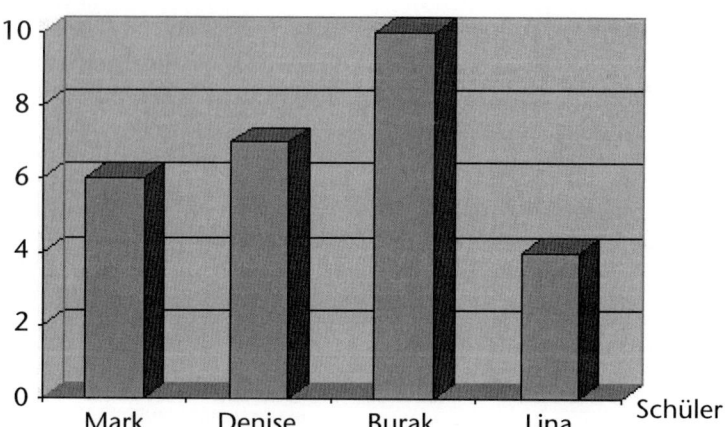

a) Wer hat die Wahl gewonnen?

b) Wie viele Stimmen wurden insgesamt abgegeben?

Test 7 Name: _____ Klasse 5

c) Wie viele Stimmen hat der Klassensprecher weniger als die drei anderen Kandidaten zusammen?

8. Der ICE startet um 10.39 Uhr in Berlin. Er ist 3 h 18 min unterwegs. Wann kommt er in Osnabrück an?

9. Martin möchte 7 CDs zu je 6,90 € kaufen. Er hat in seiner Geldbörse einen 50-€-Schein.
Reicht sein Geld? Begründe deine Antwort!

10. Berechne!

   a) 5 950 g : 850

   b) 3,28 m − 1,5 m − 55 cm

   c) 4 785 + x = 12 052

   d) 1 012 · 10 000

Test 8

Klasse 5

1. Wandle in die angegebene Maßeinheit um!

   a) 150 m (km)　　　　　　　　b) 6,05 g (mg)

   c) 5 d 12 h (h)　　　　　　　　d) 430 mm (cm)

   e) 17 cm² (mm²)　　　　　　　f) 2,45 m (cm)

2. Stelle dir einen Quader mit den Kantenlängen 5 cm, 3 cm und 5 cm vor.

   a) Wie viele Ecken hat der Quader?

   b) Wie viele Kanten hat der Quader?

   c) Wie viele Flächen hat der Quader?

   d) Hat er auch quadratische Flächen? Wenn ja, wie viele?

3. Berechne!

   a) 5 · 20 · 91　　　　　　　　b) 15 Mio : 1 000

   c) 444 · 37　　　　　　　　　d) 13 · x = 117

4. Fülle die Lücken aus!

   a) Köln　　　　1 h 42 min →　　Frankfurt
   　　? Uhr　　　　　　　　　　9.47 Uhr

   b) Stuttgart　　　　? →　　　Freiburg
   　　12.42 Uhr　　　　　　　　15.33 Uhr

5. Nenne den Unterschied zwischen einer Strecke und einer Geraden!

Test 8

Klasse 5

6. Notiere zu jedem Buchstaben die zugehörige Zahl!

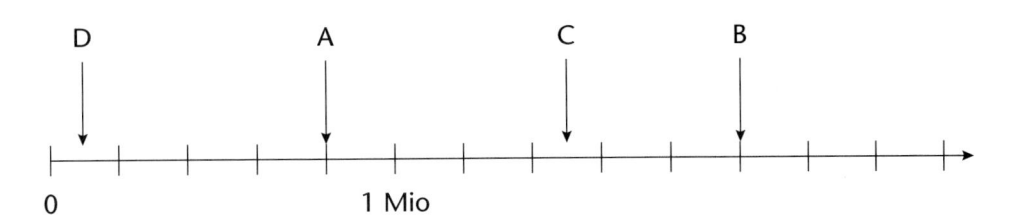

```
      D            A              C            B
      ↓            ↓              ↓            ↓
  |---|---|---|---|---|---|---|---|---|---|---|--->
  0            1 Mio
```

7. In einer Fabrik werden 4 032 Kerzen in Schachteln verpackt. In jede Schachtel kommen 12 Kerzen.
   Wie viele Schachteln werden gefüllt?

8. Durch welche der Zahlen 2, 3, 4, 5, 9, 10 ist die Zahl 212 724 teilbar?

9. Berechne!

   a) 4,8 km − 3 500 m

   b) 24,9 t + 280 kg

   c) 12 852 g : 28 g

   d) 3 296 m · 896

10. Runde!

    a) auf Hunderttausender: 8 808 808 ≈

    b) auf ganze Tonnen: 12,775 t ≈

11. Zähle zum Doppelten von 195 noch 20 hinzu!

12. Berechne das Produkt der Zahlen 8, 125 und 11!

Test 8 Name: _____ **Klasse 5**

1. Wandle in die angegebene Maßeinheit um!

   a) 150 m (km)

   b) 6,05 g (mg)

   c) 5 d 12 h (h)

   d) 430 mm (cm)

   e) 17 cm² (mm²)

   f) 2,45 m (cm)

2. Stelle dir einen Quader mit den Kantenlängen 5 cm, 3 cm und 5 cm vor.

   a) Wie viele Ecken hat der Quader?

   b) Wie viele Kanten hat der Quader?

   c) Wie viele Flächen hat der Quader?

   d) Hat er auch quadratische Flächen? Wenn ja, wie viele?

3. Berechne!

   a) $5 \cdot 20 \cdot 91$

   b) 15 Mio : 1 000

   c) $444 \cdot 37$

   d) $13 \cdot x = 117$

Test 8   Name: _____   **Klasse 5**

4. Fülle die Lücken aus!

   a) Köln   ──1 h 42 min──▶   Frankfurt
      ? Uhr   9.47 Uhr

   b) Stuttgart   ─────────────▶   Freiburg
      12.42 Uhr   15.33 Uhr

5. Nenne den Unterschied zwischen einer Strecke und einer Geraden!

6. Notiere zu jedem Buchstaben die zugehörige Zahl!

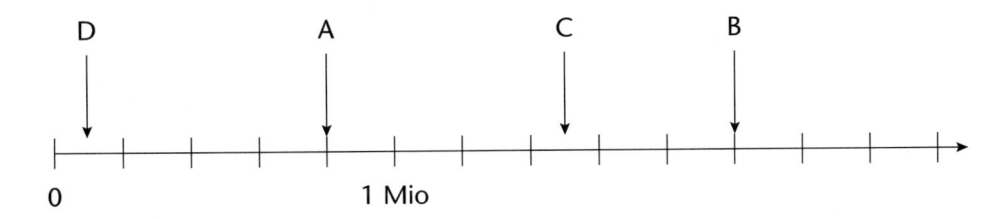

   ```
        D           A           C           B
        ↓           ↓           ↓           ↓
   ├──┼──┼──┼──┼──┼──┼──┼──┼──┼──┼──┼──┼──▶
   0              1 Mio
   ```

   A =   B =

   C =   D =

7. In einer Fabrik werden 4 032 Kerzen in Schachteln verpackt. In jede Schachtel kommen 12 Kerzen.
   Wie viele Schachteln werden gefüllt?

Test 8 Name: _____ **Klasse 5**

8. Durch welche der Zahlen 2, 3, 4, 5, 9, 10 ist die Zahl 212 724 teilbar?

9. Berechne!

   a) 4,8 km − 3 500 m

   b) 24,9 t + 280 kg

   c) 12 852 g : 28 g

   d) 3 296 m · 896

10. Runde!

    a) auf Hunderttausender: 8 808 808 ≈

    b) auf ganze Tonnen: 12,775 t ≈

11. Zähle zum Doppelten von 195 noch 20 hinzu!

12. Berechne das Produkt der Zahlen 8, 125 und 11!

Test 9 — Klasse 5

1. Berechne!

   a) $5\,800 + 3\,300 - 5\,900 - 2\,900 - 255$

   b) $7 \cdot 11 - 22$ c) $20\text{ Mio} \cdot 1\,000$

   d) $92\text{ km} : 4$ e) $11{,}20\text{ m} \cdot 5$

2. Durch welche der Zahlen 2, 3, 4, 5, 9, 10 ist die Zahl teilbar?

   a) $6\,795\,300$ b) $852\,968$

3. Welche Zahl musst du für x einsetzen, damit die Rechnung stimmt?

   $4 \cdot x + 17 = 53$

4. Die Schule beginnt um 7.55 Uhr und endet um 13.20 Uhr. Wie lange dauert ein Schultag?

5. Gib die vorgehende und die nachfolgende Zahl an!

   $59\,599\,999$

6. Dirk möchte sich einen Zauberkasten für 99,90 € kaufen. Er hat 24 € gespart. Seine Mutter schenkt ihm die Hälfte seines Ersparten. Von seiner Oma bekommt Dirk sogar das Dreifache seines Ersparten. Berechne, ob sein Geld reicht!

7. Kleiner, größer oder gleich? Setze <, > oder =!

   $8 \cdot 12$ ☐ 98

   $2\tfrac{1}{2}\text{ m}$ ☐ 250 cm

   $4{,}8\text{ kg}$ ☐ $48\,000\text{ g}$

Test 9 — Klasse 5

8. Berechne!

   a) 3807 cm² · 459

   b) 1,75 km – 620 m – 419 m

   c) 2 h 19 min + 512 min

   d) 43 344 g : 18

9. Wandle in die angegebene Maßeinheit um!

   a) 15 g (kg)

   b) 12 cm² 4 mm² (mm²)

   c) 1 878 m (km)

   d) 135 h (d und h)

   e) 325 cm² (dm²)

   f) 5,13 kg (g)

   g) 3 m 6 cm (m)

   h) 17 mm (cm)

10. Runde!

    a) auf Millionen: 4 473 459 ≈

    b) auf ganze Euro: 1,59 € ≈

11. Jennifers Schulweg beträgt 1,56 km.
    Wie viele Schritte muss sie dabei gehen, wenn ein Schritt 60 cm lang ist?

12. Begründe, warum 25 keine Primzahl ist!

Test 9   Name: _____   **Klasse 5**

1. Berechne!

   a) 5 800 + 3 300 − 5 900 − 2 900 − 255

   b) 7 · 11 − 22

   c) 20 Mio · 1 000

   d) 92 km : 4

   e) 11,20 m · 5

2. Durch welche der Zahlen 2, 3, 4, 5, 9, 10 ist die Zahl teilbar?

   a) 6 795 300

   b) 852 968

3. Welche Zahl musst du für x einsetzen, damit die Rechnung stimmt?

   4 · x + 17 = 53

Test 9 Name: _____ **Klasse 5**

4. Die Schule beginnt um 7.55 Uhr und endet um 13.20 Uhr.
   Wie lange dauert ein Schultag?

5. Gib die vorgehende und die nachfolgende Zahl an!

   59 599 999

6. Dirk möchte sich einen Zauberkasten für 99,90 € kaufen. Er hat 24 € gespart.
   Seine Mutter schenkt ihm die Hälfte seines Ersparten. Von seiner Oma
   bekommt Dirk sogar das Dreifache seines Ersparten.
   Berechne, ob sein Geld reicht!

7. Kleiner, größer oder gleich? Setze <, > oder =!

   8 · 12   ☐   98

   2½ m   ☐   250 cm

   4,8 kg   ☐   48 000 g

8. Berechne!

   a) 3 807 cm² · 459

   b) 1,75 km − 620 m − 419 m

Test 9

    c) 2 h 19 min + 512 min   d) 43 344 g : 18

9. Wandle in die angegebene Maßeinheit um!

    a) 15 g (kg)   b) 12 cm^2 4 mm^2 (mm^2)

    c) 1 878 m (km)   d) 135 h (d und h)

    e) 325 cm^2 (dm^2)   f) 5,13 kg (g)

    g) 3 m 6 cm (m)   h) 17 mm (cm)

10. Runde!

    a) auf Millionen: 4 473 459 ≈

    b) auf ganze Euro: 1,59 € ≈

11. Jennifers Schulweg beträgt 1,56 km.
    Wie viele Schritte muss sie dabei gehen, wenn ein Schritt 60 cm lang ist?

12. Begründe, warum 25 keine Primzahl ist!

Test 10   Klasse 5

1. Durch welche der Zahlen 2, 3, 4, 5, 8, 9, 10 ist die Zahl 441 750 teilbar?

2. An der Theaterkasse wurden 319 Karten zu je 7 €, 493 Karten zu je 13 € und 275 Karten zu je 19 € verkauft.
   Wie viel Euro wurden insgesamt eingenommen?

3. Berechne!

   a) 5,88 m − 1,5 m − 76 cm

   b) 8 235 mg : 27 mg

   c) 344 mm² · 588

   d) 3½ kg + 455 g + 26 g

4. Trage in den Zahlenstrahl ein!

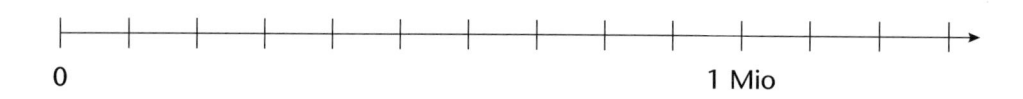

   0 ———————————————————— 1 Mio

   A = 200 000   B = 600 000   C = 750 000   D = ½ Mio

5. Wandle in die angegebene Maßeinheit um!

   a) 2,05 kg (g)

   b) 4 d 17 h (h)

   c) 4½ m (cm)

   d) 25 dm² 1 cm² (cm²)

6. Julia möchte 200 g ihrer Lieblingsschokolade kaufen.
   Sie hat folgende Angebote in verschiedenen Geschäften gesehen:

   Angebot A: 100-g-Tafel   für 1,49 €

   Angebot B: 50-g-Tafel   für 79 Cent

   Angebot C: 200-g-Tafel   für 2,99 €

   Wo sollte sie kaufen? Begründe!

Test 10

Klasse 5

7. Runde!

   a) auf Hunderter: 5 555 ≈

   b) auf ganze Meter: 19 m 70 cm ≈

8. Berechne!

   a) 110 Mio : 10 000

   b) 170 · x = 850

   c) 366 m · 78

   d) 8 · 125 + 3 · 17

   e) 6 615 : 105

   f) 2½ km − 720 m − 39 m

9. Multipliziere 2 500 und 125!

10. Zu welcher Zahl musst du 2 500 addieren, um eine Million zu erhalten?

Test 10 Name: _____ **Klasse 5**

1. Durch welche der Zahlen 2, 3, 4, 5, 8, 9, 10 ist die Zahl 441 750 teilbar?

2. An der Theaterkasse wurden 319 Karten zu je 7 €, 493 Karten zu je 13 € und 275 Karten zu je 19 € verkauft.
   Wie viel Euro wurden insgesamt eingenommen?

3. Berechne!

   a) 5,88 m − 1,5 m − 76 cm

   b) 8 235 mg : 27 mg

   c) 344 mm² · 588

   d) 3½ kg + 455 g + 26 g

Test 10 Name: _____ **Klasse 5**

4. Trage in den Zahlenstrahl ein!

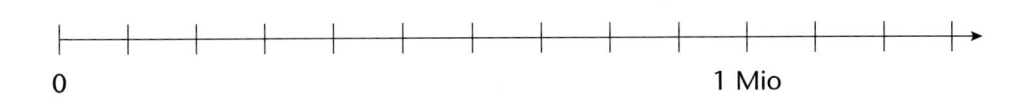

```
|---|---|---|---|---|---|---|---|---|---|--->
0                              1 Mio
```

   A = 200 000   B = 600 000   C = 750 000   D = ½ Mio

5. Wandle in die angegebene Maßeinheit um!

   a) 2,05 kg (g)

   b) 4 d 17 h (h)

   c) 4½ m (cm)

   d) 25 dm² 1 cm² (cm²)

6. Julia möchte 200 g ihrer Lieblingsschokolade kaufen.
   Sie hat folgende Angebote in verschiedenen Geschäften gesehen:

   Angebot A: 100-g-Tafel   für 1,49 €

   Angebot B: 50-g-Tafel   für 79 Cent

   Angebot C: 200-g-Tafel   für 2,99 €

   Wo sollte sie kaufen? Begründe!

7. Runde!

   a) auf Hunderter: 5 555   ≈

   b) auf ganze Meter: 19 m 70 cm   ≈

Test 10 Name: _____ **Klasse 5**

8. Berechne!

   a) 110 Mio : 10 000

   b) 170 · x = 850

   c) 366 m · 78

   d) 8 · 125 + 3 · 17

   e) 6 615 : 105

   f) 2½ km − 720 m − 39 m

9. Multipliziere 2 500 und 125!

10. Zu welcher Zahl musst du 2 500 addieren, um eine Million zu erhalten?

Test 11 — Klasse 6

1. Berechne!

    a) 37 · 950

    b) 10 104 : 12

2. 2 476 + 28 − 607 − 1 563 + 5 900

3. 27 · 4 − 3 · 18 + 60 : 5

4. Wandle in die angegebene Maßeinheit um!

    a) 13 km (m)

    b) 5 h (min)

    c) 560 mm (cm)

    d) 270 000 g (kg)

5. Runde auf ganze Euro!

    a) 45,90 €

    b) 1 289,40 €

    c) 129,59 €

    d) 78 999,76 €

6. Marlene kauft für ihre Mutter einen Blumenstrauß zum Muttertag. Sie nimmt 5 Rosen für 90 Cent das Stück. Das Aufbinden kostet 2,− €. Sie hat 10,− € in ihrem Portemonnaie. Wie viel Geld bekommt sie zurück?

7. Thomas verkauft auf dem Flohmarkt seine Duplo- und Legosteine. Er verpackt die Steine getrennt in kleine Beutel. Er packt 25 Beutel, wobei er 12 Beutel mit Legosteinen füllt. Ein Beutel Legosteine soll 4 € kosten. Er überlegt: „Wenn ich alle Beutel verkaufen könnte, hätte ich zum Schluss 113,− € verdient."
Welchen Preis schreibt er auf einen Beutel mit Duplosteinen?

8. Runde auf Hunderter!

    a) 12 567

    b) 245

    c) 145 799

    d) 29 970

9. Kleiner, größer oder gleich? Setze <, > oder =!

    a) 78 989 ☐ 78 898

    b) 20 002 ☐ 20 020

    c) zweihundertvierundfünfzig ☐ zweihundertfünfundvierzig

    d) 7 T 3 H 15 Z ☐ 7 T 4 H 5 Z

10. a) 7 078 · 25

    b) 15 · 15 + 16 · 16

    c) 5 954 : 13

    d) 245 + 7 800 − 34 + 678 − 2 400

Test 11   Name: Klasse 6

1. Berechne!

   a) 37 · 950

   b) 10 104 : 12

2. 2 476 + 28 − 607 − 1 563 + 5 900

3. 27 · 4 − 3 · 18 + 60 : 5

4. Wandle in die angegebene Maßeinheit um!

   a) 13 km (m)

   b) 5 h (min)

   c) 560 mm (cm)

   d) 270 000 g (kg)

5. Runde auf ganze Euro!

   a) 45,90 € ≈

   b) 1 289,40 € ≈

   c) 129,59 € ≈

   d) 78 999,76 € ≈

6. Marlene kauft für ihre Mutter einen Blumenstrauß zum Muttertag. Sie nimmt 5 Rosen für 90 Cent das Stück. Das Aufbinden kostet 2,– €. Sie hat 10,– € in ihrem Portemonnaie.
   Wie viel Geld bekommt sie zurück?

Test 11   Name: _____   Klasse 6

7. Thomas verkauft auf dem Flohmarkt seine Duplo- und Legosteine. Er verpackt die Steine getrennt in kleine Beutel. Er packt 25 Beutel, wobei er 12 Beutel mit Legosteinen füllt. Ein Beutel Legosteine soll 4 € kosten. Er überlegt: „Wenn ich alle Beutel verkaufen könnte, hätte ich zum Schluss 113,– € verdient."
Welchen Preis schreibt er auf einen Beutel mit Duplosteinen?

8. Runde auf Hunderter!

   a) 12 567 ≈

   b) 245 ≈

   c) 145 799 ≈

   d) 29 970 ≈

9. Kleiner, größer oder gleich? Setze <, > oder =!

   a) 78 989 ☐ 78 898

   b) 20 002 ☐ 20 020

   c) zweihundertvierundfünfzig ☐ zweihundertfünfundvierzig

   d) 7 T 3 H 15 Z ☐ 7 T 4 H 5 Z

10. Berechne!

    a) 7 078 · 25

    b) 15 · 15 + 16 · 16

    c) 5 954 : 13

    d) 245 + 7 800 – 34 + 678 – 2 400

Test 12 — Klasse 6

1. Berechne schriftlich!

    a) 3 809 · 84

    b) 936 740 : 140

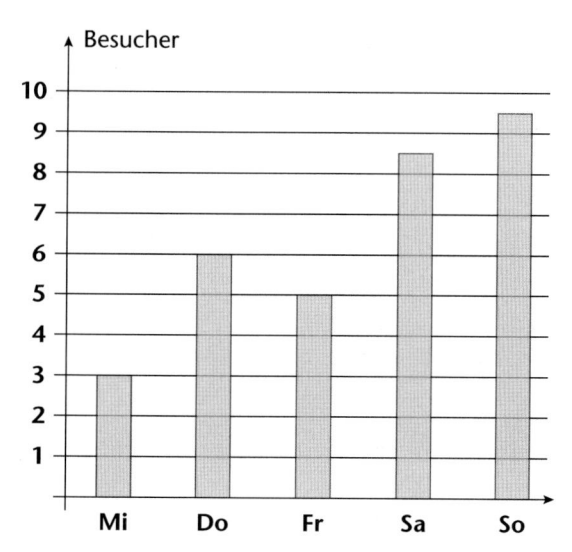

2. Das Diagramm zeigt die Besucherzahlen (in Hundert) des Zoos „Tierglück" in der Woche vor den letzten Sommerferien.

    a) Was könnte der Grund dafür sein, dass Montag und Dienstag fehlen?

    b) Wie viele Besucher waren am Donnerstag im Zoo?

    c) Wie viele Besucher waren durchschnittlich pro Tag in dem Zoo?

3. Berechne x im Kopf!

    a) $5 \cdot x + 3 = 23$

    b) $70 - 2 \cdot x = 54$

4. Wandle in die angegebene Maßeinheit um!

    a) 720 s (min)

    b) 4 km 600 m (m)

    c) 12 000 mm (cm)

    d) 2 500 kg (g)

5. Anke hat ein neues Handy mit Vertrag bekommen. Sie muss 10,– € im Monat an Grundgebühr bezahlen und 4 Cent pro Minute. Eine SMS kostet 12 Cent. Anke telefoniert im Monat April 3 Stunden und verschickt 95 SMS, wobei die ersten 50 SMS frei sind.
Wie hoch ist die Handyrechnung?

6. Berechne!

    a) 25 965 : 15

    b) 498 + 902 – 56 + 34 · 5

    c) 7 800 · 25

    d) 56 899 – 5 004 – 236 – 45 002

7. Überlege dir eine sinnvolle Textaufgabe, in der mit den Zahlen 45 000 und 1 125 000 gerechnet wird und 25 das Ergebnis ist!

8. Berechne!

    a) $\frac{1}{2}$ von 550 €

    b) $\frac{1}{3}$ von 1 200 g

    c) $\frac{1}{5}$ von 1 kg

    d) $\frac{1}{4}$ von 10 h

Test 12 Name: _____ **Klasse 6**

1. Berechne schriftlich!

   a) 3 809 · 84

   b) 936 740 : 140

2. Das Diagramm zeigt die Besucherzahlen (in Hundert) des Zoos „Tierglück" in der Woche vor den letzten Sommerferien.

   a) Was könnte der Grund dafür sein, dass Montag und Dienstag fehlen? Formuliere im ganzen Satz!

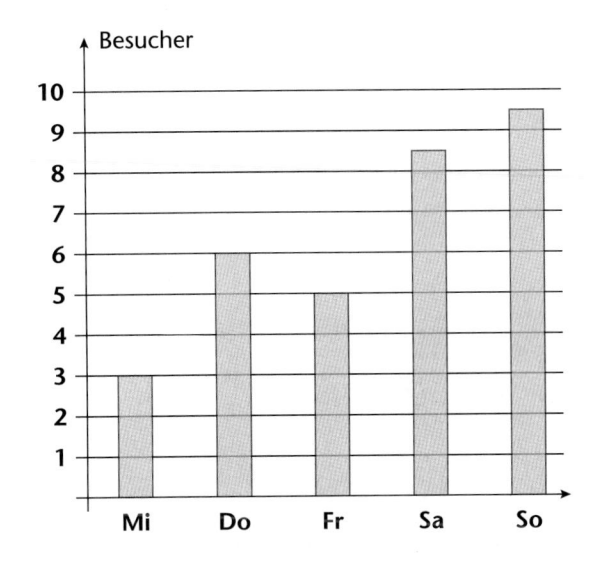

   b) Wie viele Besucher waren am Donnerstag im Zoo?

   c) Wie viele Besucher waren durchschnittlich pro Tag in dem Zoo?

3. Berechne x im Kopf!

   a) $5 \cdot x + 3 = 23$

   b) $70 - 2 \cdot x = 54$

Test 12

Name: _____

Klasse 6

4. Wandle in die angegebene Maßeinheit um!

   a) 720 s (min)

   b) 4 km 600 m (m)

   c) 12 000 mm (cm)

   d) 2 500 kg (g)

5. Anke hat ein neues Handy mit Vertrag bekommen. Sie muss 10,– € im Monat an Grundgebühr bezahlen und 4 Cent pro Minute. Eine SMS kostet 12 Cent. Anke telefoniert im Monat April 3 Stunden und verschickt 95 SMS, wobei die ersten 50 SMS frei sind.
   Wie hoch ist die Handyrechnung?

6. Berechne!

   a) 25 965 : 15

   b) 498 + 902 – 56 + 34 · 5

   c) 7 800 · 25

   d) 56 899 – 5 004 – 236 – 45 002

7. Überlege dir eine sinnvolle Textaufgabe, in der mit den Zahlen 45 000 und 1 125 000 gerechnet wird und 25 das Ergebnis ist!

8. Berechne!

a) $\frac{1}{2}$ von 550 €

b) $\frac{1}{3}$ von 1 200 g

c) $\frac{1}{5}$ von 1 kg

d) $\frac{1}{4}$ von 10 h

Test 13 — Klasse 6

1. Berechne schriftlich!

   a) 906 · 370   b) 4 004 : 14

2. Berechne!

   a) $\frac{4}{5} - \frac{1}{5}$ b) $\frac{3}{5} + \frac{3}{5}$

3. Ein quadratischer Tisch hat eine Kantenlänge von 80 cm.
   Kreuze die richtige Antwort an:

   a) Die Tischfläche ist größer als 1 m².
   b) Die Tischfläche ist kleiner als 1 m².
   c) Die Tischfläche ist genau 1 m².

4. Wandle in die angegebene Maßeinheit um!

   a) $\frac{1}{4}$ h (min)   b) 40 cm (dm)

   c) 4 500 m (km)   d) 14 ha (a)

   e) 1 l (ml)   f) 3 m² 15 dm² (dm²)

5. Familie Müller kauft sich ein Auto für 15 000,– €. Sie zahlt die Hälfte des Betrages bar. Die andere Hälfte zahlt sie in 12 Monatsraten ab. Der Verkäufer berechnet eine monatliche Rate von 644,– €.
   Wie teuer ist das Auto wirklich? Was könnte der Grund dafür sein?

6. Ein Wörterbuch zur neuen Rechtschreibung wird im Discounter BALDI zu 4,99 € pro Stück verkauft. Die Filiale in Altenkirchen erhält 200 Exemplare, verkauft aber nur 157 Bücher.
   Wie viel Geld hätte sie **mehr** einnehmen können, wenn sie alle Exemplare verkauft hätte?

7. Runde auf Zehntel!

   a) 67,06   b) 109,87   c) 10 098,555   d) 35,984

8. Rechne im Kopf!

   a) 278 · 1 000   b) 12 000 : 12   c) 34 000 000 : 100   d) 134,5 · 100

9. Berechne!

   a) 15 · 38 + 467   b) 12 · 12 + 11 · 11   c) 14 055 : 15

Test 13

Name: _____ **Klasse 6**

1. Berechne schriftlich!

    a) 906 · 370

    b) 4 004 : 14

2. Berechne!

    a) $\frac{4}{5} - \frac{1}{5}$

    b) $\frac{3}{5} + \frac{3}{5}$

3. Ein quadratischer Tisch hat eine Kantenlänge von 80 cm.
   Kreuze die richtige Antwort an:

    a) Die Tischfläche ist größer als 1 m².
    b) Die Tischfläche ist kleiner als 1 m².
    c) Die Tischfläche ist genau 1 m².

4. Wandle in die angegebene Maßeinheit um!

    a) $\frac{1}{4}$ h (min)

    b) 40 cm (dm)

    c) 4 500 m (km)

    d) 14 ha (a)

    e) 1 l (ml)

    f) 3 m² 15 dm² (dm²)

5. Familie Müller kauft sich ein Auto für 15 000,– €. Sie zahlt die Hälfte des Betrages bar. Die andere Hälfte zahlt sie in 12 Monatsraten ab.
   Der Verkäufer berechnet eine monatliche Rate von 644,– €.
   Wie teuer ist das Auto wirklich? Was könnte der Grund dafür sein?

Test 13 Name: _____ **Klasse 6**

6. Ein Wörterbuch zur neuen Rechtschreibung wird im Discounter BALDI zu 4,99 € pro Stück verkauft. Die Filiale in Altenkirchen erhält 200 Exemplare, verkauft aber nur 157 Bücher.
Wie viel Geld hätte sie **mehr** einnehmen können, wenn sie alle Exemplare verkauft hätte?

7. Runde auf Zehntel!

   a) 67,06 ≈   b) 109,87 ≈

   c) 10 098,555 ≈   d) 35,984 ≈

8. Rechne im Kopf!

   a) 278 · 1 000   b) 12 000 : 12

   c) 34 000 000 : 100   d) 134,5 · 100

9. Berechne!

   a) 15 · 38 + 467   b) 12 · 12 + 11 · 11

   c) 14 055 : 15

Test 14 — Klasse 6

1. Berechne schriftlich!

   a) $67 \cdot 2{,}5$ b) $3\,009 \cdot 7{,}1$

   c) $687{,}48 : 40$ d) $52 : 1{,}3 + 78{,}9 : 3$

2. Bestimme den zugehörigen Dezimalbruch!

   a) $\frac{3}{5}$ b) $\frac{1}{4}$ c) $\frac{3}{8}$

   d) $\frac{3}{10}$ e) $\frac{13}{5}$ f) $\frac{18}{4}$

3. Berechne x!

   a) $2 \cdot x + 15 = 79$ b) $28 + x + 12 = 77$

4. Wandle in die angegebene Maßeinheit um!

   a) 909 cm^2 (dm²)   b) 2 ha (m²)

   c) $4 \text{ h } 19 \text{ min}$ (min)   d) $3\frac{1}{4} \text{ l}$ (ml)

   e) $\frac{1}{2} \text{ km}$ (m)   f) 250 g (kg)

5. Julia wünscht sich einen I-Pod. Im Fachhandel kostet ein gutes Modell 159,– €. Im Internet findet sie das gleiche Gerät um ein Sechstel billiger. Sie muss allerdings 12,50 € Versandkosten hinzurechnen.
   Wo macht sie ein besseres Geschäft? Begründe durch Rechnung!

6. Die Klasse 6d hat 28 Schülerinnen und Schüler. Acht Schüler spielen Fußball im Verein, neun von ihnen spielen Basketball und sechs haben Handball als Hobby. Die anderen treiben keinen Sport.
   Stelle diesen Sachverhalt in einem Säulendiagramm dar!

7. Notiere die Formel zur Berechnung des Flächeninhaltes eines Rechtecks. Wie lang ist die Seite b, wenn die Seite a = 15 cm lang ist und der Flächeninhalt 360 cm² beträgt?

8. Berechne!

   a) $\frac{1}{4} \cdot 0{,}6$ b) $1{,}75 \cdot \frac{1}{10}$ c) $25 : \frac{1}{2}$

Test 14 Name: _____ **Klasse 6**

1. Berechne schriftlich!

   a) $67 \cdot 2{,}5$

   b) $3\,009 \cdot 7{,}1$

   c) $687{,}48 : 40$

   d) $52 : 1{,}3 + 78{,}9 : 3$

2. Bestimme den zugehörigen Dezimalbruch!

   a) $\dfrac{3}{5}$ b) $\dfrac{1}{4}$ c) $\dfrac{3}{8}$

   d) $\dfrac{3}{10}$ e) $\dfrac{13}{5}$ f) $\dfrac{18}{4}$

3. Berechne x!

   a) $2 \cdot x + 15 = 79$

   b) $28 + x + 12 = 77$

4. Wandle in die angegebene Maßeinheit um!

   a) 909 cm² (dm²)

   b) 2 ha (m²)

   c) 4 h 19 min (min)

   d) $3\dfrac{1}{4}$ l (ml)

   e) $\dfrac{1}{2}$ km (m)

   f) 250 g (kg)

Test 14 Name: _____ **Klasse 6**

5. Julia wünscht sich einen I-Pod. Im Fachhandel kostet ein gutes Modell 159,– €. Im Internet findet sie das gleiche Gerät um ein Sechstel billiger. Sie muss allerdings 12,50 € Versandkosten hinzurechnen.
Wo macht sie ein besseres Geschäft? Begründe durch Rechnung!

6. Die Klasse 6d hat 28 Schülerinnen und Schüler. Acht Schüler spielen Fußball im Verein, neun von ihnen spielen Basketball und sechs haben Handball als Hobby. Die anderen treiben keinen Sport.
Stelle diesen Sachverhalt in einem Säulendiagramm dar!

7. Notiere die Formel zur Berechnung des Flächeninhaltes eines Rechtecks. Wie lang ist die Seite b, wenn die Seite a = 15 cm lang ist und der Flächeninhalt 360 cm² beträgt?

8. Berechne!

   a) $\frac{1}{4} \cdot 0{,}6$ b) $1{,}75 \cdot \frac{1}{10}$ c) $25 : \frac{1}{2}$

Test 15 — Klasse 6

1. Schreibe als Dezimalbruch und runde, wenn nötig (auf zwei Stellen)!

   a) $\dfrac{5}{4}$ b) $\dfrac{3}{8}$

   c) $\dfrac{7}{13}$ d) $\dfrac{14}{10}$

2. Schreibe als gemischten Bruch und kürze so weit wie möglich!

   a) 1,26 b) 0,08

   c) 17,44 d) 2,075

3. Fülle die Tabelle aus!

Dezimalbruch	Prozentschreibweise	gekürzter Bruch
	15 %	
		$\dfrac{3}{5}$
0,06		
0,34		
	112 %	
		$\dfrac{4}{25}$

4. Wandle in die angegebene Maßeinheit um!

   a) 2 m³ (dm³) b) 2,5 h (min)

   c) $2\dfrac{2}{5}$ m (cm) d) 320 kg (t)

   e) 0,5 m³ (dm³) f) 15 m² (dm²)

5. Berechne schriftlich!

   a) 567,98 + 265,007 + 5 699 b) 78,96 : 1,2

   c) $89 - 1\dfrac{1}{4} - 45 - 1{,}97 + 7\dfrac{3}{4}$ d) $37{,}09 \cdot 5\dfrac{1}{2}$

Test 15   Klasse 6

6. Marion fährt um 16.46 Uhr mit dem Fahrrad von zu Hause weg, um ihre Freundin Angelika zu besuchen. Sie benötigt normalerweise 25 min für die Strecke. Heute jedoch trifft sie auf dem Weg noch eine Bekannte, mit der sie sich eine Viertelstunde unterhält.
Um welche Uhrzeit kommt sie bei Angelika an?

7. Runde auf Zehner!

   a) 10 678,89   b) 23,89

   c) 156 984,6789   d) siebenhundertneunundachtzig

8. a) Multipliziere die Zahlen 64,07 und 0,3 mit 10, 100, 1 000 und 10 000!
   b) Dividiere die Zahlen 15 und 1,86 durch 10, 100 und 1 000!

Test 15   Name: _____   **Klasse 6**

1. Schreibe als Dezimalbruch und runde, wenn nötig (auf zwei Stellen)!

   a) $\frac{5}{4}$

   b) $\frac{3}{8}$

   c) $\frac{7}{13}$

   d) $\frac{14}{10}$

2. Schreibe als gemischten Bruch und kürze so weit wie möglich!

   a) 1,26

   b) 0,08

   c) 17,44

   d) 2,075

3. Fülle die Tabelle aus!

Dezimalbruch	Prozentschreibweise	gekürzter Bruch
	15 %	
		$\frac{3}{5}$
0,06		
0,34		
	112 %	
		$\frac{4}{25}$

4. Wandle in die angegebene Maßeinheit um!

   a) 2 m³ (dm³)

   b) 2,5 h (min)

   c) $2\frac{2}{5}$ m (cm)

   d) 320 kg (t)

   e) 0,5 m³ (dm³)

   f) 15 m² (dm²)

Test 15   Name: _____   **Klasse 6**

5. Berechne schriftlich!

   a) 567,98 + 265,007 + 5 699

   b) 78,96 : 1,2

   c) $89 - 1\frac{1}{4} - 45 - 1{,}97 + 7\frac{3}{4}$

   d) $37{,}09 \cdot 5\frac{1}{2}$

6. Marion fährt um 16.46 Uhr mit dem Fahrrad von zu Hause weg, um ihre Freundin Angelika zu besuchen. Sie benötigt normalerweise 25 min für die Strecke. Heute jedoch trifft sie auf dem Weg noch eine Bekannte, mit der sie sich eine Viertelstunde unterhält.
   Um welche Uhrzeit kommt sie bei Angelika an?

7. Runde auf Zehner!

   a) 10 678,89 ≈

   b) 23,89 ≈

   c) 156 984,6789 ≈

   d) siebenhundertneunundachtzig ≈

8. a) Multipliziere die Zahlen 64,07 und 0,3 mit 10, 100, 1 000 und 10 000!

   b) Dividiere die Zahlen 15 und 1,86 durch 10, 100 und 1 000!

Test 16 — Klasse 6

1. Berechne schriftlich!

   a) 19,6 · 25

   b) 2587 : 100

   c) fünfundzwanzigtausenddreihundertsieben plus neunhundertachtzehn

   d) 17 H − 8 Z + 23 E + 240 Z − 8 H + 19 E

   e) 0,05 = x %

2. Forme in einen Dezimalbruch um!

   a) $\frac{3}{4}$ b) $\frac{2}{5}$ c) $\frac{3}{10}$ d) $\frac{7}{100}$

3. Ein Quadrat hat einen Umfang von 56 cm. Berechne seinen Flächeninhalt!

4. Der Handyanbieter „Phonecall" hat drei verschiedene Tarife. Welcher Tarif passt zu dem Graphen? Kreuze den richtigen Tarif an und begründe deine Entscheidung!

   a) 15 € Grundgebühr im Monat, 0,9 Cent pro Minute

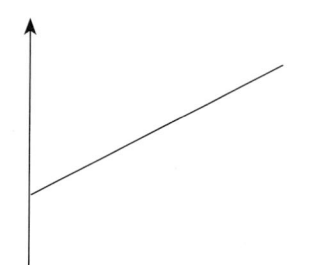

   b) keine Grundgebühren, 7 Cent pro Minute

   c) 5 € Grundgebühr im Monat, 0 Cent von 18.00 Uhr bis 8.00 Uhr, sonst 17 Cent pro Minute

5. Wandle in die angegebene Maßeinheit um!

   a) 900 m³ (dm³)

   b) $\frac{3}{4}$ h (min)

   c) 270000 m² (ha)

   d) 4,5 m (cm)

   e) $\frac{1}{2}$ l (cm³)

   f) 0,976 kg (g)

6. Familie Emke lässt das Wohnzimmer renovieren. Für Tapeten und Farben zahlt sie 345,98 €. Der Arbeitslohn des Malerbetriebes wird mit 2 Meisterstunden zu 45,50 €, 12 Gesellenstunden zu 33,80 € und 8 Lehrlingsstunden zu 19,70 € berechnet.
   Wie viel Euro muss Familie Emke insgesamt bezahlen?

7. Berechne!

   a) Runde 78976 auf ZT

   b) 879,58 · 56

   c) $\frac{7}{10}$ + 1,9

   d) 2,5 · 2,5

   e) 15 · x + 13 = 58

   f) 10728 : 12

8. Notiere die Formel zur Berechnung des Umfangs eines Rechtecks!

Test 16

Name: _____ Klasse 6 __

1. Berechne schriftlich!

    a) 19,6 · 25

    b) 2587 : 100

    c) fünfundzwanzigtausenddreihundertsieben plus neunhundertachtzehn

    d) 17 H − 8 Z + 23 E + 240 Z − 8 H + 19 E

    e) 0,05 = x %

2. Forme in einen Dezimalbruch um!

    a) $\frac{3}{4}$

    b) $\frac{2}{5}$

    c) $\frac{3}{10}$

    d) $\frac{7}{100}$

3. Ein Quadrat hat einen Umfang von 56 cm. Berechne seinen Flächeninhalt!

4. Der Handyanbieter „Phonecall" hat drei verschiedene Tarife. Welcher Tarif passt zu dem Graphen? Kreuze den richtigen Tarif an und begründe deine Entscheidung!

    a) 15 € Grundgebühr im Monat, 0,9 Cent pro Minute

    b) keine Grundgebühren, 7 Cent pro Minute

    c) 5 € Grundgebühr im Monat, 0 Cent von 18.00 Uhr bis 8.00 Uhr, sonst 17 Cent pro Minute

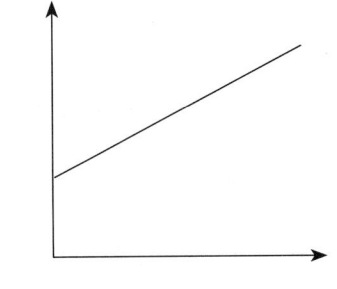

Test 16 Name: _____ **Klasse 6**

5. Wandle in die angegebene Maßeinheit um!

   a) 900 m³ (dm³)

   b) $\frac{3}{4}$ h (min)

   c) 27 0000 m² (ha)

   d) 4,5 m (cm)

   e) $\frac{1}{2}$ l (cm³)

   f) 0,976 kg (g)

6. Familie Emke lässt das Wohnzimmer renovieren. Für Tapeten und Farben zahlt sie 345,98 €. Der Arbeitslohn des Malerbetriebes wird mit 2 Meisterstunden zu 45,50 €, 12 Gesellenstunden zu 33,80 € und 8 Lehrlingsstunden zu 19,70 € berechnet.
Wie viel Euro muss Familie Emke insgesamt bezahlen?

7. Berechne!

   a) Runde 78 976 auf ZT

   b) 879,58 · 56

   c) $\frac{7}{10}$ + 1,9

   d) 2,5 · 2,5

   e) 15 · x + 13 = 58

   f) 10 728 : 12

8. Notiere die Formel zur Berechnung des Umfangs eines Rechtecks!

Test 17 — Klasse 6

1. Berechne schriftlich!

   a) 4 278 · 1,7

   b) 49 + 96 : 1,2

   c) $1\frac{4}{5}$ + 0,8 + 3,9

   d) 1 000 : 8

   e) 15 · 15 + 13 · 13

   f) 7 845 − 2 306 − 3 846

2. Notiere die Teilbarkeitsregeln für

   a) 5   b) 3   c) 2   d) 4!

3. Kleiner, größer oder gleich? Setze <, > oder =!

   a) 9 845 ☐ 9 854

   b) 12tausenddreiundvierzig ☐ 12tausenddreihundertvierzig

   c) 789,665 ☐ 879,665

   d) sechzehn vier Drittel ☐ sechzehn drei Viertel

4. Trage die fehlenden Zahlen auf dem Zahlenstrahl ein!

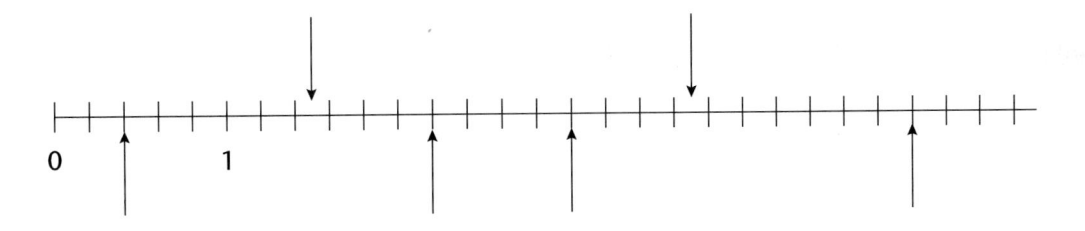

5. Wandle in die angegebene Maßeinheit um!

   a) 12 m 9 cm (cm)

   b) 13,09 km (m)

   c) $\frac{1}{4}$ kg (g)

   d) 4,2 m³ (dm³)

   e) $\frac{1}{8}$ l (ml)

   f) 37 cm (dm)

6. Richtig oder falsch? Begründe deine Antwort!

   a) 6 ist Teiler von 3 786

   b) 6 ist Teiler von 12 987

   c) 12 ist Teiler von 19 916

   d) 15 ist Teiler von 10 725

Test 17 — Klasse 6

7. Reiner fährt jeden Tag mit dem Fahrrad zur Schule. Am Montag benötigt er für die 4,5 km lange Strecke 17 min, am Dienstag 15 min, am Mittwoch 24 min, am Donnerstag 18 min und am Freitag trödelt er sehr lange und braucht 31 min.
   Wie viele Minuten braucht er durchschnittlich?

8. Berechne schriftlich!

   a) $12\,400 \cdot 0{,}5$ b) $7\,250 \cdot 0{,}5$

   c) $12\,400 : 0{,}5$ d) $7\,250 : 0{,}5$

Test 17   Name: _____   **Klasse 6**

1. Berechne schriftlich!

   a) $4278 \cdot 1{,}7$

   b) $49 + 96 : 1{,}2$

   c) $1\frac{4}{5} + 0{,}8 + 3{,}9$

   d) $1000 : 8$

   e) $15 \cdot 15 + 13 \cdot 13$

   f) $7845 - 2306 - 3846$

2. Notiere die Teilbarkeitsregeln für

   a) 5   b) 3   c) 2   d) 4!

   a) Eine Zahl ist durch 5 teilbar, wenn …

   b) Eine Zahl …

   c)

   d)

3. Kleiner, größer oder gleich? Setze <, > oder =!

   a)   9845 ☐ 9854

   b)   12tausenddreiundvierzig ☐ 12tausenddreihundertvierzig

   c)   789,665 ☐ 879,665

   d)   sechzehn vier Drittel ☐ sechzehn drei Viertel

Test 17 Name: _____   **Klasse 6**

4. Trage die fehlenden Zahlen auf dem Zahlenstrahl ein!

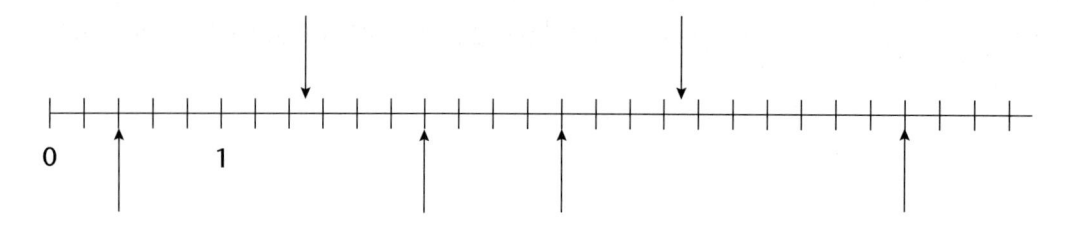

5. Wandle in die angegebene Maßeinheit um!

   a) 12 m 9 cm (cm)

   b) 13,09 km (m)

   c) $\frac{1}{4}$ kg (g)

   d) 4,2 m³ (dm³)

   e) $\frac{1}{8}$ l (ml)

   f) 37 cm (dm)

6. Richtig oder falsch? Begründe deine Antwort!

   a) 6 ist Teiler von 3 786

   b) 6 ist Teiler von 12 987

   c) 12 ist Teiler von 19 916

   d) 15 ist Teiler von 10 725

Test 17 Name: _____ **Klasse 6**

7. Reiner fährt jeden Tag mit dem Fahrrad zur Schule. Am Montag benötigt er für die 4,5 km lange Strecke 17 min, am Dienstag 15 min, am Mittwoch 24 min, am Donnerstag 18 min und am Freitag trödelt er sehr lange und braucht 31 min.
   Wie viele Minuten braucht er durchschnittlich?

8. Berechne schriftlich!

   a) 12 400 · 0,5

   b) 7 250 · 0,5

   c) 12 400 : 0,5

   d) 7 250 : 0,5

Test 18 Klasse 6

1. Berechne schriftlich!

   a) 2300 · 100
   b) 2300 : 1000
   c) 332,8 : 13
   d) 456 − 78 + 159,87 + 46 − 109,8
   e) 34,98 : 1000
   f) 0,4 · 6 + 8 · 0,12

2. Martin und Silke haben bei einem Gewinnspiel mitgemacht. Martin hat doppelt so viele Euro eingesetzt wie Silke. Sie gewinnen zusammen 642,– €. Der Gewinn wird im Verhältnis des Einsatzes ausgezahlt. Wie viel Euro bekommt jeder?

3. Familie Reiners kauft sich ein Flatscreen-Fernsehgerät für 2480,– €. Die Familie zahlt zu Beginn 900,– € bar, den Rest in 8 gleichen Monatsraten, da sie nicht den ganzen Betrag sofort bezahlen kann. Zu den Raten kommen noch Zinsen von insgesamt 150,– € hinzu. Wie hoch sind die monatlichen Raten?

4. Runde auf ganze Euro!

   a) siebenhundertvierundachtzig Euro und fünfzig
   b) eintausenddreihundertneunundneunzig Euro und neunundachtzig
   c) 13,58 € + 378,09 € + 34,89 €

5. Wandle in die angegebene Maßeinheit um!

   a) 298 m (km)
   b) $3\frac{1}{2}$ kg (g)
   c) $2\frac{1}{4}$ h (min)
   d) 10,42 m³ (dm³)
   e) 3,5 mm (cm)
   f) 5 dm² + 3 cm² (dm²)

6. Zeichne zwei Rechtecke, die jeweils einen Flächeninhalt von 6 cm² haben. Berechne die zugehörigen Umfänge!

7. Notiere den zugehörigen (wenn möglich gekürzten) Bruch!

   a) 0,16
   b) 0,07
   c) 0,125
   d) 0,75
   e) 0,3
   f) 0,006
   g) 0,4
   h) 0,25

8. Berechne!

   a) $2\frac{2}{5} + 3,8$
   b) $0,375 \cdot \frac{3}{4}$
   c) $\frac{3}{15} : \frac{8}{25}$

9. Berechne x!

   a) 6 · x + 10 = 100
   b) 5 · x = 90
   c) 3 · x + 17 = 68

Test 18 Name: _____ **Klasse 6**

1. Berechne schriftlich!

   a) 2 300 · 100

   b) 2 300 : 1 000

   c) 332,8 : 13

   d) 456 − 78 + 159,87 + 46 − 109,8

   e) 34,98 : 1 000

   f) 0,4 · 6 + 8 · 0,12

2. Martin und Silke haben bei einem Gewinnspiel mitgemacht. Martin hat doppelt so viele Euro eingesetzt wie Silke. Sie gewinnen zusammen 642,− €. Der Gewinn wird im Verhältnis des Einsatzes ausgezahlt.
   Wie viel Euro bekommt jeder?

3. Familie Reiners kauft sich ein Flatscreen-Fernsehgerät für 2 480,− €. Die Familie zahlt zu Beginn 900,− € bar, den Rest in 8 gleichen Monatsraten, da sie nicht den ganzen Betrag sofort bezahlen kann. Zu den Raten kommen noch Zinsen von insgesamt 150,− € hinzu.
   Wie hoch sind die monatlichen Raten?

Test 18   Name: _____   **Klasse 6**

4. Runde auf ganze Euro!

   a) siebenhundertvierundachtzig Euro und fünfzig

   b) eintausenddreihundertneunundneunzig Euro und neunundachtzig

   c) 13,58 € + 378,09 € + 34,89 €

5. Wandle in die angegebene Maßeinheit um!

   a) 298 m (km)

   b) $3\frac{1}{2}$ kg (g)

   c) $2\frac{1}{4}$ h (min)

   d) 10,42 m³ (dm³)

   e) 3,5 mm (cm)

   f) 5 dm² + 3 cm² (dm²)

6. Zeichne zwei Rechtecke, die jeweils einen Flächeninhalt von 6 cm² haben. Berechne die zugehörigen Umfänge!

Test 18   Name: **Klasse 6**

7. Notiere den zugehörigen (wenn möglich gekürzten) Bruch!

   a) 0,16   b) 0,07   c) 0,125   d) 0,75

   e) 0,3   f) 0,006   g) 0,4   h) 0,25

8. Berechne!

   a) $2\frac{2}{5} + 3{,}8$ b) $0{,}375 \cdot \frac{3}{4}$ c) $\frac{3}{15} : \frac{8}{25}$

9. Berechne x!

   a) $6 \cdot x + 10 = 100$ b) $5 \cdot x = 90$ c) $3 \cdot x + 17 = 68$

Test 19 — Klasse 6

1. Berechne!

    a) 37,2 : 1,5

    b) 24,76 · $\frac{1}{2}$

2. $10^2 + 3 \cdot 10^3 + 5 \cdot 10^2 + 2 \cdot 10$

3. Überprüfe die folgenden Aussagen (richtig oder falsch) und begründe deine Antwort!
    a) Ein Rechteck ist gleichzeitig auch ein Quadrat.
    b) Ein Quadrat hat zwei Symmetrieachsen.
    c) Ein Rechteck hat vier 90°-Winkel.
    d) Die gegenüberliegenden und aneinanderliegenden Seiten eines Quadrates sind gleich lang.
    e) Wenn man den Flächeninhalt eines Quadrates weiß, kann man seinen Umfang berechnen.
    f) Wenn man den Flächeninhalt eines Rechteckes weiß, kann man seinen Umfang berechnen.

4. Wandle in die angegebene Maßeinheit um!

    a) 6,3 km (m)

    b) 8,09 l (ml)

    c) 34 g (mg)

    d) 2 ha + 90 m² (m²)

    e) $\frac{3}{4}$ m² (dm²)

    f) 2,5 h (min)

5. Berechne!

    a) 2 m² 6 dm² + 67,9 m² + 908 dm²

    b) 0,375 l + 75 dm³ + 2 l + 45 ml

    c) $\frac{3}{4}$ m³ + 970 dm³

6. Dividiere die Zahl 245,8 durch 10, 100, 1 000 und 10 000!

7. Was berechnest du mit folgenden Formeln?

    a) $A = a^2$

    b) $u = 2 \cdot a + 2 \cdot b$

    c) $u = 4 \cdot a$

    d) $A = a \cdot b$

Test 19 — Klasse 6

8. Frau Simon kauft Weintrauben für 3,56 € und dazu 5 Äpfel. Sie bezahlt mit einem 50-€-Schein und erhält 41,34 € zurück.
   Berechne den Preis eines Apfels!

9. Zur Weihnachtszeit verpackt der Einzelhändler für Bürobedarf „Rosenfeld" 150 Geschenkpakete für seine Kunden. In jedem Paket sind zwei Stifte zu 1,20 € das Stück, ein Block zu 2,40 € und drei Päckchen Füllerpatronen zu 1,60 € pro Päckchen.
   Welchen Wert haben die Geschenkpakete zusammen?

Test 19 Name: _____ **Klasse 6**

1. Berechne!

   a) $37{,}2 : 1{,}5$

   b) $24{,}76 \cdot \dfrac{1}{2}$

2. $10^2 + 3 \cdot 10^3 + 5 \cdot 10^2 + 2 \cdot 10$

3. Überprüfe die folgenden Aussagen (richtig oder falsch) und begründe deine Antwort!

   a) Ein Rechteck ist gleichzeitig auch ein Quadrat.

   b) Ein Quadrat hat zwei Symmetrieachsen.

   c) Ein Rechteck hat vier 90°-Winkel.

   d) Die gegenüberliegenden und aneinanderliegenden Seiten eines Quadrates sind gleich lang.

   e) Wenn man den Flächeninhalt eines Quadrates weiß, kann man seinen Umfang berechnen.

   f) Wenn man den Flächeninhalt eines Rechteckes weiß, kann man seinen Umfang berechnen.

Test 19 Name: _____ **Klasse 6**

4. Wandle in die angegebene Maßeinheit um!

   a) 6,3 km (m)

   b) 8,09 l (ml)

   c) 34 g (mg)

   d) 2 ha + 90 m² (m²)

   e) $\frac{3}{4}$ m² (dm²)

   f) 2,5 h (min)

5. Berechne!

   a) 2 m² 6 dm² + 67,9 m² + 908 dm²

   b) 0,375 l + 75 dm³ + 2 l + 45 ml

   c) $\frac{3}{4}$ m³ + 970 dm³

6. Dividiere die Zahl 245,8 durch 10, 100, 1 000 und 10 000!

Test 19   Name: _____   **Klasse 6**

7. Was berechnest du mit folgenden Formeln?

   a) $A = a^2$

   b) $u = 2 \cdot a + 2 \cdot b$

   c) $u = 4 \cdot a$

   d) $A = a \cdot b$

8. Frau Simon kauft Weintrauben für 3,56 € und dazu 5 Äpfel. Sie bezahlt mit einem 50-€-Schein und erhält 41,34 € zurück.
   Berechne den Preis eines Apfels!

9. Zur Weihnachtszeit verpackt der Einzelhändler für Bürobedarf „Rosenfeld" 150 Geschenkpakete für seine Kunden. In jedem Paket sind zwei Stifte zu 1,20 € das Stück, ein Block zu 2,40 € und drei Päckchen Füllerpatronen zu 1,60 € pro Päckchen.
   Welchen Wert haben die Geschenkpakete zusammen?

Test 20 — Klasse 6

1. Teile die Zahl 1 500 im Verhältnis 3 : 2! Überlege dir zunächst, wie viele Teile es insgesamt sind!

2. Manuelas Hündin Fridoline hat 6 Welpen bekommen. Manuela lässt die Jungen impfen und eine Wurmkur verabreichen. Das Impfen kostet 12,50 € und die Wurmkur beträgt 3,70 € pro Welpe. Jetzt will sie die Hunde für 150,– € pro Tier verkaufen. Sie findet glücklicherweise 5 Käufer.
   Wie viel Euro hat sie verdient, wenn man das Futter unberücksichtigt lässt?

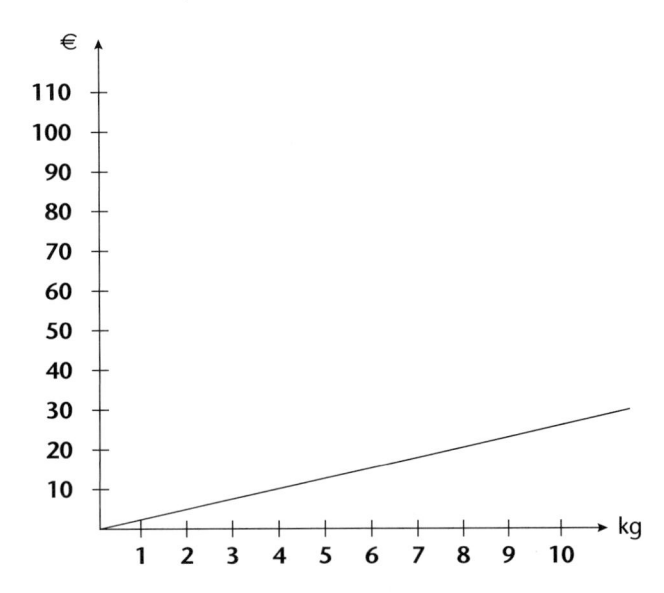

3. Das Schaubild zeigt, wie viel Euro ein bestimmtes Gewicht in Kilogramm (kg) wert ist.

    a) Wie viel Euro sind 2 kg, 7 kg, 9,5 kg wert?
    b) Wie viel Kilogramm (kg) entsprechen 10 € und 30 €?

4. Wandle in die angegebene Maßeinheit um!

    a) 8 m² + 9 dm² (m²)
    b) $1\frac{3}{5}$ m (cm)
    c) 2,2 h (min)
    d) 12 m³ + 78 dm³ (l)
    e) 19 € + 245 Cent (€)
    f) 34,07 € – 308 Cent (€)

5. Berechne x!

    a) $12 \cdot x + 8 = 68$
    b) $65 = 5 \cdot x + 20$

6. Erkläre folgende Begriffe!

    a) Quersumme
    b) dividieren
    c) Nenner
    d) Dezimalbruch
    e) Rechteck
    f) gemischter Bruch
    g) Stufenzahl
    h) Strahl
    i) Addition

Test 20

Klasse 6

7. Berechne!

   a) $15{,}3 \cdot 17 + 34{,}09$

   b) $4{,}5 - 2\frac{1}{2} - \frac{3}{4}$

   c) $950 \cdot 0{,}5$

   d) $950 : 0{,}5$

Test 20   Name: _____   **Klasse 6**

1. Teile die Zahl 1 500 im Verhältnis 3 : 2! Überlege dir zunächst, wie viele Teile es insgesamt sind!

2. Manuelas Hündin Fridoline hat 6 Welpen bekommen. Manuela lässt die Jungen impfen und eine Wurmkur verabreichen. Das Impfen kostet 12,50 € und die Wurmkur beträgt 3,70 € pro Welpe. Jetzt will sie die Hunde für 150,- € pro Tier verkaufen. Sie findet glücklicherweise 5 Käufer.
   Wie viel Euro hat sie verdient, wenn man das Futter unberücksichtigt lässt?

3.

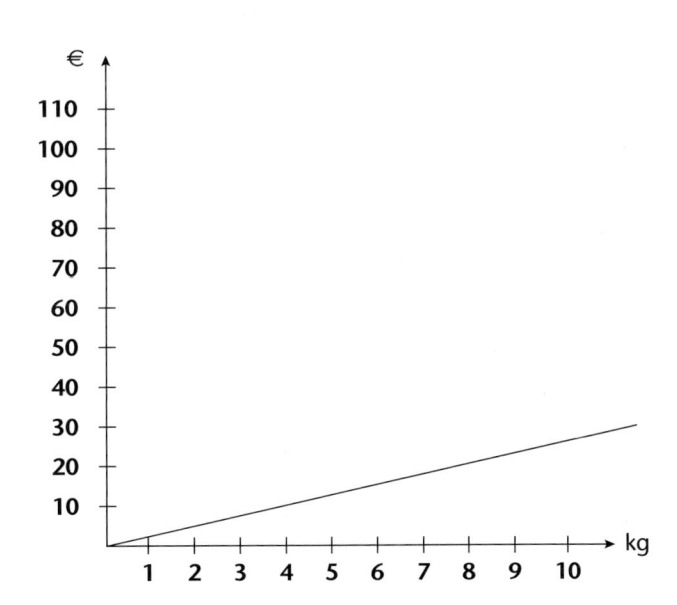

   Das Schaubild zeigt, wie viel Euro ein bestimmtes Gewicht in Kilogramm (kg) wert ist.

   a) Wie viel Euro sind 2 kg, 7 kg, 9,5 kg wert?

   b) Wie viel Kilogramm (kg) entsprechen 10 € und 30 €?

Test 20 Name: _____ **Klasse 6**

4. Wandle in die angegebene Maßeinheit um!

   a) 8 m² + 9 dm² (m²)

   b) $1\frac{3}{5}$ m (cm)

   c) 2,2 h (min)

   d) 12 m³ + 78 dm³ (l)

   e) 19 € + 245 Cent (€)

   f) 34,07 € − 308 Cent (€)

5. Berechne x!

   a) 12 · x + 8 = 68

   b) 65 = 5 · x + 20

6. Erkläre folgende Begriffe!

   a) Quersumme

   b) dividieren

   c) Nenner

   d) Dezimalbruch

   e) Rechteck

   f) gemischter Bruch

   g) Stufenzahl

Test 20 — Klasse 6

h) Strahl

i) Addition

7. Berechne!

a) $15{,}3 \cdot 17 + 34{,}09$

b) $4{,}5 - 2\tfrac{1}{2} - \tfrac{3}{4}$

c) $950 \cdot 0{,}5$

d) $950 : 0{,}5$

Lösungen

Test 1 (S. 5)

Nr. 1   674   Nr. 2   454   Nr. 3   5 026   Nr. 4   27   Nr. 5   821

Nr. 6   Er bekommt 19,04 € an der Kasse zurück.

Nr. 7   Er ist insgesamt 16 695 m (16,695 km) gefahren.

Nr. 8   Man muss für x die Zahl 957 einsetzen.

Nr. 9   11 618 und 11 620

Nr. 10   a) 16 837   b) 2 498   c) 1 700   d) 82

Nr. 11   Jedes Kind muss 11 € für den Ausflug bezahlen.

Nr. 12   a)

Note	1	2	3	4	5	6
Schülerzahl	2	6	8	5	1	0

b) 6 Schüler haben eine schlechtere Note als „3".

c) 8 Schüler haben eine bessere Note als „3".

d) 22 Schüler haben die Klassenarbeit mitgeschrieben.

Nr. 13   41 059

Test 2 (S. 10)

Nr. 1   a) 13 334   b) 380   c) 2 305   d) 126 120

Nr. 2   a) 350   b) 11 €   c) 39 000

Nr. 3   x = 16 837   Nr. 4   A = 30   B = 90   C = 110

Nr. 5   Die um 100 größere Zahl lautet 5 080.

Nr. 6   Man muss 888 durch 74 teilen.   Nr. 7   Sie hat 45,26 € ausgegeben.

Nr. 8   Nein, das Ladegewicht wurde nicht überschritten. Die Kisten wiegen insgesamt nur 1 765 kg.

Nr. 9   a) 485   b) 240 087

Nr. 10   Er ist im Durchschnitt jeden Tag 455 km gefahren.

Test 3 (S. 15)

Nr. 1   11 047   Nr. 2   a) 3 580   b) 412 000

Nr. 3   Er ist 6 Stunden unterwegs.   Nr. 4   a) 1 900   b) 11 200

Nr. 5   1 300 098 und 1 300 100

Nr. 6   a) 45 219   b) 6 281   c) 15 065 505   d) 202

Nr. 7   Sie hat noch 40 € übrig.

Nr. 8   Die Lebensmittel wiegen insgesamt 4 700 g (4,7 kg).

Nr. 9   a) $x = 9$ b) $x = 39$

Nr. 10 Das Ergebnis ist falsch. $5 \cdot 2{,}25 \text{ €} = 11{,}25 \text{ €}$

Test 4 (S. 18)

Nr. 1

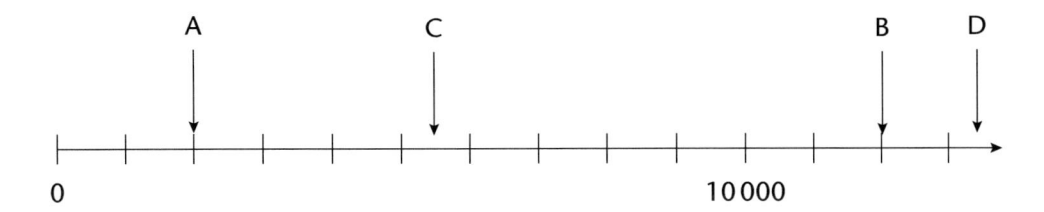

```
          A           C                       B   D
          ↓           ↓                       ↓   ↓
  ├───┼───┼───┼───┼───┼───┼───┼───┼───┼───┼───┼──→
  0                                       10 000
```

Nr. 2   a) $x = 8829$ b) $x = 111$ Nr. 3   Ihr Geld reicht, sie hat rund 5 € übrig.

Nr. 4   a) 6 532   b) 314 286   c) 420 000   d) 657   e) 36

Nr. 5   Die Kiste wiegt 555 g.   Nr. 6   >, >, =

Nr. 7   a) 4 m   b) 90 Mio

Nr. 8   a) 3 Kinder sind in Polen geboren.

b) 28 Kinder sind insgesamt in der Klasse.

c) 10 Kinder sind nicht in Deutschland geboren.

Nr. 9   a) 8 680 904   b) 8,78 m

Test 5 (S. 23)

Nr. 1   a) 275 cm   b) 6 500 kg   c) 17 km   d) 81 000 mg

Nr. 2   a) 1 226 620   b) 17,70 €   c) 4 493 538   d) 543

Nr. 3   Jedes Brett ist 34 cm lang.   Nr. 4   a) 20 kg   b) 55 100

Nr. 5 $x = 19$ Nr. 6   Er muss insgesamt 3,41 € zahlen.

Nr. 7   39 471   Nr. 8   a) 252 min   b) 168 h

Nr. 9   a) 37   b) 240 087   c) 9 910 000   d) 18,845 kg

Test 6 (S. 26)

Nr. 1   >, <, >

Nr. 2   a) 13 625 g   b) 34 mm   c) 5,55 km   d) 0,9 kg   e) 404 min

f) 1 500 m   Nr. 3   99 048 999 und 99 049 001

Nr. 4   a) 4 200 kg (4,2 t)   b) 25,245 km (25 245 m)   c) 30 050   d) 51 Mio

Nr. 5   Am Ende der Fahrt zeigt der Kilometerzähler 35 544 km.

Nr. 6   8 968   Nr. 7   a) 19 Mio   b) 1 350   c) 8 km

Nr. 8   1 kg Kartoffeln kostet 45 Cent (0,45 €).

Nr. 9   a) 237   b) 1 301 696   c) x = 10 747   d) x = 240

Nr. 10   a) Die Schüler müssen 80 Tüten packen.   b) Die Klasse nimmt 52 € ein.

Test 7 (S. 31)

Nr. 1   a) 1 000   b) 90 m   c) 6 €   Nr. 2   3 m

Nr. 3   a) 54 h   b) 11 h 22 min   c) 2 500 g   d) 0,17 m

Nr. 4   a) 2   b) 2, 3, 5, 9, 10

Nr. 5   a) 129 354   b) 46 132 284   c) 105   d) 3 700

Nr. 6   7 min 13 s (433 s)   Nr. 7   a) Burak hat die Wahl gewonnen.

b) 27 Stimmen wurden insgesamt abgegeben.   c) Er hat 17 Stimmen weniger.

Nr. 8   Der ICE kommt um 13.57 Uhr in Osnabrück an.

Nr. 9   Ja, sein Geld reicht. Die CDs kosten nur rund 49 €.

Nr. 10   a) 7 g   b) 1,23 m (123 cm)   c) x = 7 267   d) 10 120 000

Test 8 (S. 36)

Nr. 1   a) 0,15 km   b) 6 050 mg   c) 132 h   d) 43 cm

e) 1 700 mm^2 f) 245 cm

Nr. 2   a) Er hat 8 Ecken.   b) Er hat 12 Kanten.   c) Er hat 6 Flächen.

d) Ja, er hat 2 quadratische Flächen.

Nr. 3   a) 9 100   b) 15 000   c) 16 428   d) x = 9

Nr. 4   a) 8.05 Uhr   b) 2 h 51 min

Nr. 5   Eine Strecke ist eine gerade Linie, die einen Anfangspunkt und einen Endpunkt hat.
Eine Gerade hat keinen Anfangs- und Endpunkt.

Nr. 6   A = 800 000   B = 2 Mio   C = 1 500 000   D = 100 000

Nr. 7   Es werden 336 Schachteln gefüllt.   Nr. 7   2, 3, 4, 9

Nr. 9   a) 1,3 km (1 300 m)   b) 25,18 t (25 180 kg)   c) 459   d) 2 953 216 m

Nr. 10 a) 8 800 000   b) 13 t   Nr. 11   410   Nr. 12   11 000

Test 9 (S. 41)

Nr. 1   a) 45   b) 55   c) 20 Mrd   d) 23 km   e) 56 m

Nr. 2   a) 2, 3, 4, 5, 10   b) 2, 4

Nr. 3   Man muss für x die Zahl 9 einsetzen.   Nr. 4   Ein Schultag dauert 5 h 25 min.

Nr. 5   59 599 998 und 59 600 000   Nr. 6   Sein Geld reicht (108 €).

Nr. 7   <, =, <   Nr. 8   a) 1 747 413 cm^2 b) 0,711 km (711 m)

c) 651 min (10 h 51 min)   d) 2 408 g

Nr. 9   a) 0,015 kg   b) 1 204 mm^2 c) 1,878 km   d) 5 d 15 h

e) 3,25 dm^2 f) 5 130 g   g) 3,06 m   h) 1,7 cm

Nr. 10 a) 4 Mio   b) 2 €   Nr. 11   Sie muss 2 600 Schritte gehen.

Nr. 12 25 ist durch 1, 25 und 5 teilbar. Primzahlen sind nur durch 1 und sich selbst teilbar.

Test 10 (S. 46)

Nr. 1   2, 3, 5, 10   Nr. 2   Es wurden insgesamt 13 867 € eingenommen.

Nr. 3   a) 3,62 m (362 cm)   b) 305   c) 202 272 mm^2

d) 3 981 g (3,981 kg)

Nr. 4

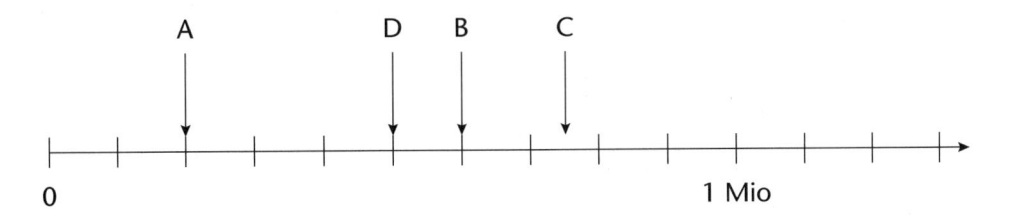

Nr. 5   a) 2 050 g   b) 113 h   c) 450 cm   d) 2 501 cm^2

Nr. 6   A: 2,98 €   B: 3,16 €   C: 2,99 €   Sie sollte bei Anbieter A kaufen.

Nr. 7   a) 5 600   b) 20 m

Nr. 8 a) 11 000   b) x = 5   c) 28 548 m   d) 1 051   e) 63

f) 1 741 m (1,741 km)

Nr. 9 312 500   Nr. 10 Man muss 997 500 zu 2 500 addieren.

Test 11 (S. 51)

Nr. 1 a) 35 150   b) 842   Nr. 2 6 234   Nr. 3 66

Nr. 4 a) 13 000 m   b) 300 min   c) 56 cm   d) 270 kg

Nr. 5 a) ≈ 46 €   b) ≈ 1 289 €   c) ≈ 130 €   d) ≈ 79 000 €

Nr. 6 Sie bekommt 3,50 € zurück.   Nr. 7 Er schreibt 5 € auf die Beutel mit den Duplosteinen.

Nr. 8 a) ≈ 12 600   b ≈ 200   c) ≈ 145 800   d) ≈ 30 000

Nr. 9 a) >   b) <   c) >   d) =

Nr. 10 a) 176 950   b) 481   c) 458   d) 6 289

Test 12 (S. 54)

Nr. 1 a) 319 956   b) 6 691

Nr. 2 a) Es könnte geschlossen gewesen sein, um Vorbereitungen für die Ferien zu treffen.

b) Es waren 600 Besucher im Zoo.   c) Durchschnittlich waren 640 Besucher im Zoo.

Nr. 3 a) x = 4   b) x = 8

Nr. 4 a) 12 min   b) 4 600 m   c) 1 200 cm   d) 2 500 000 g

Nr. 5 Die Rechnung beträgt 22,60 €.

Nr. 6 a) 1 731   b) 1 514   c) 195 000   d) 6 557

Nr. 7 mögliches Beispiel: Ein Fußballstadion fasst 45 000 Zuschauer. Das Stadion ist heute ausverkauft. Die Einnahmen betragen 1 125 000 €. Was kostet eine Eintrittskarte im Durchschnitt?

Nr. 8 a) 275 €   b) 400 g   c) 200 g   d) 2,5 h

Test 13 (S. 58)

Nr. 1 a) 335 220   b) 286   Nr. 2 a) $\frac{3}{5}$ b) $1\frac{1}{5}$

Nr. 3 Antwort b) ist richtig: Die Tischfläche ist kleiner als 1 m², da 0,8 m · 0,8 m = 0,64 m².

Nr. 4 a) 15 min   b) 4 dm   c) 4,5 km

d) 1 400 a   e) 1 000 ml   f) 315 dm²

Nr. 5 Das Auto kostet 15 228 €. 228 € könnten Zinsen sein.   Nr. 6 Die Filiale hätte 214,57 € mehr einnehmen können.

Nr. 7   a) ≈ 67,1   b) ≈ 109,9   c) ≈ 10 098,6   d) ≈ 36

Nr. 8   a) 278 000   b) 1 000   c) 340 000   d) 13 450

Nr. 9   a) 1 037   b) 265   c) 937

Test 14 (S. 61)

Nr. 1   a) 167,5   b) 21 363,9   c) 17,187   d) 66,3

Nr. 2   a) 0,6   b) 0,25   c) 0,375   d) 0,3   e) 2,6   f) 4,5

Nr. 3   a) x = 32   b) x = 37

Nr. 4   a) 9,09 dm²   b) 20 000 m²   c) 259 min   d) 3 250 ml   e) 500 m   f) 0,25 kg

Nr. 5   Sie macht im Internet ein besseres Geschäft, da der I-Pod dann nur 145,– € kostet.

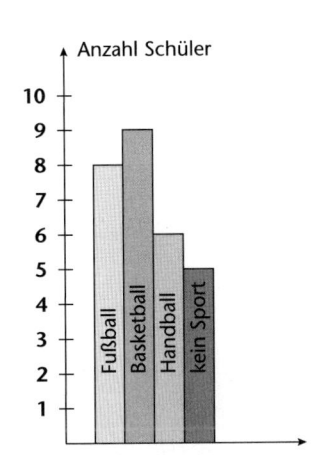

Nr. 6   [Balkendiagramm: Anzahl Schüler – Fußball 8, Basketball 9, Handball 6, kein Sport 5]

Nr. 7   Die Seite b ist 24 cm lang.

Nr. 8   a) 0,15   b) 0,175   c) 50

Test 15 (S. 64)

Nr. 1   a) 1,25   b) 0,375   c) ≈ 0,54   d) 1,4

Nr. 2   a) $1\frac{13}{50}$ b) $\frac{2}{25}$ c) $17\frac{11}{25}$ d) $2\frac{3}{40}$

Nr. 3

Dezimalbruch	Prozentschreibweise	gekürzter Bruch
0,15	15 %	$\frac{3}{20}$
0,6	**60 %**	$\frac{3}{5}$
0,06	6 %	$\frac{3}{50}$
0,34	**34 %**	$\frac{17}{50}$
1,12	112 %	$1\frac{3}{25}$
0,16	**16 %**	$\frac{4}{25}$

Nr. 4 a) 2 000 dm³   b) 150 min   c) 240 cm   d) 0,32 t   e) 500 dm³

f) 1 500 m²

Nr. 5 a) 6 531,987   b) 65,8   c) 48,53   d) 203,995

Nr. 6 Sie kommt um 17.26 Uhr an.

Nr. 7 a) ≈ 10 680   b) ≈ 20   c) ≈ 156 980   d) ≈ 790

Nr. 8 a) 640,7 / 6 407 / 64 070 / 640 700 // 3 / 30 / 300 / 3 000

b) 1,5 / 0,15 / 0,015 // 0,186 / 0,0186 / 0,00186

Test 16 (S. 68)

Nr. 1 a) 490   b) 25,87   c) 26 225   d) 3 262   e) 5 %

Nr. 2 a) 0,75   b) 0,4   c) 0,3   d) 0,07

Nr. 3 Der Flächeninhalt beträgt 196 cm².

Nr. 4 Lösung a) ist richtig. Der Graph steigt gleichmäßig an und beginnt bei einem Grundbetrag.

Nr. 5 a) 0,9 dm³   b) 45 min   c) 27 ha   d) 450 cm   e) 500 cm³

f) 976 g   Nr. 6   Sie muss 1 000,18 € zahlen.

Nr. 7 a) ≈ 80 000   b) 49 256,48   c) 2,6   d) 6,25   e) x = 3

f) 894

Nr. 8 $u = 2 \cdot a + 2 \cdot b$

Test 17 (S. 71)

Nr. 1 a) 7 272,6   b) 129   c) 6,5   d) 125   e) 394

f) 1 693

Nr. 2 a) Eine Zahl ist durch 5 teilbar, wenn die letzte Ziffer der Zahl eine 0 oder 5 ist.

b) Eine Zahl ist durch 3 teilbar, wenn die Quersumme ihrer Ziffern durch 3 teilbar ist.

c) Eine Zahl ist durch 2 teilbar, wenn die letzte Ziffer der Zahl eine gerade Ziffer (0, 2, 4, 6, 8) ist.

d) Eine Zahl ist durch 4 teilbar, wenn die aus den letzten beiden Ziffern gebildete Zahl durch 4 teilbar ist.

Nr. 3 a) <   b) <   c) <   d) >

Nr. 4 0,4 / 1,5 / 2,2 / 3 / 3,7 / 5   Nr. 5 a) 1 209 cm   b) 13 090 m

c) 250 g   d) 4 200 dm³   e) 125 ml   f) 3,7 dm

Nr. 6 a) richtig → Die Quersumme ist durch 3 teilbar und die letzte Ziffer ist gerade.

b) falsch → Die Quersumme ist zwar durch 3 teilbar, die letzte Ziffer ist aber ungerade.

c) falsch → Die letzte Ziffer ist zwar gerade, die Quersumme ist aber nicht durch 3 teilbar.

d) richtig → Die Quersumme ist durch 3 teilbar und die letzte Ziffer ist eine 5.

Nr. 7 a) Er benötigt 21 Minuten im Durchschnitt.   b) Er fährt 12,84 km/h.

Nr. 8 a) 6 200   b) 3 625   c) 24 800   d) 14 500

Test 18 (S. 76)

Nr. 1 a) 230 000   b) 2,3   c) 25,6   d) 474,07   e) 0,03498

f) 3,36

Nr. 2 Martin bekommt 428,– €, Silke erhält 214,– €.

Nr. 3 Die Raten betragen 216,25 €.

Nr. 4 a) ≈ 785 €   b) ≈ 1 400 €   c) ≈ 427 €

Nr. 5 a) 0,298 km   b) 3 500 g   c) 135 min   d) 10 420 dm³   e) 0,35 cm

f) 5,03 dm²

Nr. 6 Bsp.: A = 2 cm × 3 cm → u = 10 cm; A = 1 cm × 6 cm → u = 14 cm

Nr. 7 a) $\frac{4}{25}$ b) $\frac{7}{100}$ c) $\frac{1}{8}$ d) $\frac{3}{4}$ e) $\frac{3}{10}$ f) $\frac{3}{500}$ g) $\frac{2}{5}$ h) $\frac{1}{4}$

Nr. 8 a) 6,2   b) 0,28125   c) $\frac{5}{8}$

Nr. 9 a) x = 15   b) x = 18   c) x = 17

Test 19 (S. 80)

Nr. 1 a) 24,8   b) 12,38   Nr. 2   3 620

Nr. 3 a) Falsch, denn bei einem Rechteck sind nur die gegenüberliegenden Seiten gleich lang.

b) Falsch. Ein Quadrat hat 4 Symmetrieachsen: 2 Diagonalen und 2 Mittellinien.

c) Richtig. Das ist eine Eigenschaft des Rechtecks.

d) Richtig, da alle vier Seiten gleich lang sind.

e) Richtig, denn $\sqrt{a^2}$ ist die Seitenlänge des Quadrates. Der Umfang ist damit zu berechnen.

f) Falsch, man benötigt die Angabe einer Seitenlänge.

Nr. 4 a) 6 300 m   b) 8 090 ml   c) 34 000 mg   d) 20 090 m²   e) 75 dm²

f) 150 min   Nr. 5 a) 7 904 dm²   b) 77 420 ml   c) 1 720 dm³

Nr. 6   24,58 / 2,458 / 0,2458 / 0,02458

Nr. 7   a) Flächeninhalt eines Quadrates   b) Umfang eines Rechtecks

         c) Umfang eines Quadrates   d) Flächeninhalt eines Rechtecks

Nr. 8   Ein Apfel kostet 1,02 €.

Nr. 9   Die Geschenke haben einen Wert von 1 440,– €.

Test 20 (S. 85)

Nr. 1   900 : 600   Nr. 2   Sie hat 652,80 € verdient.

Nr. 3   a) 2 kg → ca. 5 €   7 kg → ca. 18 €   9,5 kg → ca. 28 €

         b) 10 € → ca. 3,5 kg   30 € → 10,5 kg

Nr. 4   a) 8,09 m²   b) 160 cm   c) 132 min   d) 12 078 l   e) 21,45 €

         f) 30,99 €   Nr. 5   a) x = 5   b) x = 9

Nr. 6   a) Quersumme: Summe der Ziffern einer Zahl

         b) Dividieren: Teilen zweier Zahlen

         c) Nenner: Anzahl der Teile eines Ganzen / Zahl unter dem Bruchstrich

         d) Dezimalbruch: Kommazahl

         e) Rechteck: Fläche, die durch vier Seiten begrenzt wird, wobei die jeweils gegenüberliegenden Seiten gleich lang und parallel zueinander sind.

         f) gemischter Bruch: Darstellung eines unechten Bruches in Ganzen und echtem Bruch

         g) Stufenzahl: 10, 100, 1 000, … Zahlen, die als erste Ziffer eine 1 und ansonsten nur Nullen beinhalten

         h) Strahl: gerade Linie mit einem Anfangspunkt, jedoch ohne Endpunkt

         i) Addition: Aufgabe, die das Zusammenrechnen von Zahlen beschreibt

Nr. 7   a) 294,19   b) 1,25   c) 475   d) 1 900

Mathematik üben und verstehen!

Susanne von Lehmden/Karlheinz Rohe
Grundwissen Mathematik

Die Bände liefern Ihnen jeweils 20 kopierfertige Tests (mit Lösungen) zum mathematischen Grundwissen der Jahrgangsstufen 7/8 und 9/10. Der Bezug zur Lebenswirklichkeit ist bei allen Aufgaben immer gegeben. Die Tests können Sie bestens begleitend zu Ihren Unterrichtseinheiten einsetzen und somit systematisch für den nachhaltigen Aufbau eines gesicherten Grundwissens sorgen – eine wichtige Basis für die spätere berufliche Laufbahn!

7./8. Jahrgangsstufe
Tests zu den Grundrechenarten und zu Brüchen
88 S., DIN A4, kart.
▶ Best.-Nr. **4375**

9./10. Jahrgangsstufe
Tests mit Lösungen
112 S., DIN A4, kart.
▶ Best.-Nr. **4603**

Karlheinz Rohe
Arbeitsblätter für den Mathematikunterricht

▶ Arbeitsblätter zu allen Themen!

Mit diesen Arbeitsblattsammlungen haben Sie das richtige Übungsmaterial für jede Jahrgangsstufe: Arbeitsblätter mit insgesamt ca. 500 Aufgaben in jedem Band. Außerdem gibt es zu verschiedenen Themen Tests für unterschiedliche Niveaustufen. Natürlich mit allen Lösungen!

5. Jahrgangsstufe
68 S., DIN A4, kart.
▶ Best.-Nr. **3612**

6. Jahrgangsstufe
96 S., DIN A4, kart.
▶ Best.-Nr. **3613**

7. Jahrgangsstufe
60 S., DIN A4, kart.
▶ Best.-Nr. **3327**

8. Jahrgangsstufe
72 S., DIN A4, kart.
▶ Best.-Nr. **3328**

9. Jahrgangsstufe
96 S., DIN A4, kart.
▶ Best.-Nr. **2737**

10. Jahrgangsstufe
96 S., DIN A4, kart.
▶ Best.-Nr. **2767**

Die Themen:

5. Jahrgangsstufe
- Rechnen mit natürlichen Zahlen
- Terme und Rechengesetze
- Geometrie
- Sachrechnen: Längen und Gewichte
- Fläche und Umfang
- Körperberechnung

6. Jahrgangsstufe
- Teiler und Vielfache
- Bruchzahlen
- Multiplikation und Division von Brüchen
- Addition und Subtraktion von Brüchen
- Grundrechenarten in der Bruchrechnung
- Dezimalbrüche

7. Jahrgangsstufe
- Rechnen mit Bruchzahlen
- Prozentrechnung
- Geometrische Grundkonstruktionen
- Rationale Zahlen
- Zuordnungen
- Fläche und Umfang

8. Jahrgangsstufe
- Prozentrechnung
- Zinsrechnung
- Zuordnungen
- Fläche und Umfang
- Körperberechnung

9. Jahrgangsstufe
- Zuordnungen und Verhältnisse
- Prozent- und Zinsrechnung
- Satz des Pythagoras
- Flächen- und Umfangsberechnung
- Körperberechnung

10. Jahrgangsstufe
- Satz des Pythagoras
- Strahlensätze
- Lineare Gleichungen mit zwei Variablen
- Körperberechnung
- Pyramiden- und Kegelstümpfe – Rotationskörper
- Quadratische Gleichungen
- Trigonometrie I und II

Praxiserprobt und topaktuell: Materialien von Auer!

BESTELLCOUPON

Ja, bitte senden Sie mir/uns mit Rechnung:

Susanne von Lehmden/Karlheinz Rohe
Grundwissen Mathematik
_____ Expl. **7./8. Jahrgangsstufe**   Best.-Nr. **4375**
_____ Expl. **9./10. Jahrgangsstufe**   Best.-Nr. **4603**

Karlheinz Rohe
Arbeitsblätter für den Mathematikunterricht
_____ Expl. **5. Jahrgangsstufe**   Best.-Nr. **3612**
_____ Expl. **6. Jahrgangsstufe**   Best.-Nr. **3613**
_____ Expl. **7. Jahrgangsstufe**   Best.-Nr. **3327**
_____ Expl. **8. Jahrgangsstufe**   Best.-Nr. **3328**
_____ Expl. **9. Jahrgangsstufe**   Best.-Nr. **2737**
_____ Expl. **10. Jahrgangsstufe**   Best.-Nr. **2767**

Bitte kopieren und einsenden/faxen an:

**Auer Versandbuchhandlung
Postfach 11 52
86601 Donauwörth**

Meine Anschrift lautet:

_____
Name/Vorname

_____
Straße

_____
PLZ/Ort

_____
E-Mail

_____
Datum/Unterschrift

Bequem bestellen direkt bei uns!
Telefon: 01 80 / 5 34 36 17
Fax: 09 06 / 7 31 78
E-Mail: info@auer-verlag.de
Internet: www.auer-verlag.de

Topfit im Matheunterricht!

Wolfgang Schlottke

Rund um den Satz des Pythagoras
Lernen an Stationen und weiterführende Aufgaben für den Mathematikunterricht

Mit Gripstraining und Stationenarbeit den Satz des Pythagoras vermitteln! Die Schüler/-innen lernen, sich diesen fundamentalen Satz der Geometrie mit allen wichtigen Beweistechniken und Methoden einzuprägen. Optimal geeignet auch für Freiarbeit, Differenzierung und für Klassenarbeiten!

120 S., DIN A4, kart.
▸ Best.-Nr. **4580**

Silke Kaptein

Stochastik
Wahrscheinlichkeitsrechnung leicht verständlich
Kopiervorlagen mit Lösungen 7.–10. Jahrgangsstufe

Diese Unterrichtshilfe bietet durch die zahlreichen abwechslungsreichen Kopiervorlagen viele **methodische Varianten**, die Schülerinnen und Schüler der 7.–10. Jahrgangsstufe garantiert für eine lebendige und alltagsnahe Wahrscheinlichkeitsrechnung begeistern.

64 S., DIN A4, kart.
▸ Best.-Nr. **4401**

Jörg Krampe/Rolf Mittelmann

Neue Rechenspiele für die Klasse 8
50 Kopiervorlagen · Mit Selbstkontrolle · 2 Niveaustufen

Die 50 Kopiervorlagen zu den zentralen Problemen des Mathematikunterrichts im 8. Schuljahr erleichtern Ihnen Vorbereitung und Unterricht durch ein exakt gegliedertes Inhaltsverzeichnis mit Übersicht der verschiedenen Aufgabentypen. Alle Arbeitsblätter liegen kopierfertig vor und bieten viel Abwechslung durch neun verschiedene Spielformen.

108 S., DIN A4, kart.
▸ Best.-Nr. **4827**

Sue Thomson/Ian Forster

Mathe in Mordanien
Kriminell gute Sachaufgaben für den Mathematikunterricht der 8.–10. Klasse
Mit Kopiervorlagen

Die Schülerinnen und Schüler analysieren Fingerabdrücke, erstellen Phantombilder, interpretieren statistische Daten, werten Grafiken aus oder berechnen den Todeszeitpunkt von Mordopfern. Strategisches Vorgehen ist hier ebenso gefragt wie die Anwendung des Dreisatzes, der Prozentrechnung oder diverser mathematischer Formeln. Der originelle Kontext im Fantasieland MORDanien sorgt für Spannung und Motivation. Der Band enthält 38 Arbeitsblätter als Kopiervorlagen und Lösungen zu allen Aufgaben.

52 S., DIN A4, kart.
▸ Best.-Nr. **4754**

Auer BESTELLCOUPON

Ja, bitte senden Sie mir/uns mit Rechnung:

_____ Expl. Wolfgang Schlottke
Rund um den Satz des Pythagoras — Best.-Nr. **4580**

_____ Expl. Silke Kaptein
Stochastik — Best.-Nr. **4401**

_____ Expl. Jörg Krampe/Rolf Mittelmann
Neue Rechenspiele für die Klasse 8 — Best.-Nr. **4827**

_____ Expl. Sue Thomson/Ian Forster
Mathe in Mordanien — Best.-Nr. **4754**

Bequem bestellen direkt bei uns!
Telefon: 01 80 / 5 34 36 17
Fax: 09 06 / 7 31 78
E-Mail: info@auer-verlag.de
Internet: www.auer-verlag.de

Bitte kopieren und einsenden/faxen an:

**Auer Versandbuchhandlung
Postfach 11 52
86601 Donauwörth**

Meine Anschrift lautet:

_____
Name/Vorname

_____
Straße

_____
PLZ/Ort

_____
E-Mail

_____
Datum/Unterschrift